AF240778

BIBLIOTHÈQUE INTERNATIONALE D'ÉCONOMIE POLITIQUE

publiée sous la direction de Alfred BONNET

LES

FORMES D'ENTREPRISES

PAR

ROBERT LIEFMANN

PROFESSEUR A L'UNIVERSITÉ DE FRIBOURG

Traduit d'après la 2ᵉ édition allemande

PAR

H. STELZ † et J. LOUSSERT

AGRÉGÉS DE L'UNIVERSITÉ

PARIS (5ᵉ)

Marcel GIARD

LIBRAIRE-ÉDITEUR

16, rue Soufflot, et 12, rue Toullier

—

1924

LES

FORMES D'ENTREPRISES

Y COMPRIS LES COOPÉRATIVES

ET LA SOCIALISATION

BIBLIOTHÈQUE INTERNATIONALE D'ÉCONOMIE POLITIQUE
publiée sous la direction de Alfred BONNET

LES
FORMES D'ENTREPRISES

PAR

ROBERT LIEFMANN
PROFESSEUR A L'UNIVERSITÉ DE FRIBOURG

Traduit d'après la 2ᵉ édition allemande

PAR

H. STELZ † et J. LOUSSERT
AGRÉGÉS DE L'UNIVERSITÉ

PARIS (5ᵉ)
Marcel GIARD
LIBRAIRE-ÉDITEUR
16, rue Soufflot, et 12, rue Toullier
1924

AVANT-PROPOS DE LA 1re ÉDITION

Cet ouvrage est né de conférences faites d'abord à Berlin à la Société d'études économiques. Elles ont naturellement dû être augmentées et présentées de façon systématique en vue de la publication. Ce travail doit être considéré comme une introduction aux problèmes de l'entreprise moderne à l'usage du grand public. Il sert en même temps de préparation ou de complément à mon ouvrage déjà paru sur les cartels et les trusts. Naturellement, il n'apporte que des faits connus pour la plupart de tous les économistes. Je crois cependant avoir présenté le système de l'entreprise, de même que celui des sociétés coopératives d'une façon plus systématique qu'on ne l'a fait jusqu'ici, et mon appréciation du rôle des sociétés par actions, des coopératives et des entreprises publiques, présente quelques points de vue nouveaux.

Fribourg-en-Brisgau, mai 1912.

ROBERT LIEFMANN.

---

† M. H. Stelz, qui avait collaboré à la traduction de la 1re édition, est tombé au champ d'honneur en 1914.

AVANT-PROPOS DE LA 2ᵉ ÉDITION

Dans la nouvelle édition de ce travail de vulgarisation scientifique, paru pour la première fois en 1912, la division du sujet a été très peu modifiée, mais le contenu beaucoup. Même les chapitres plutôt théoriques sur le caractère de l'entreprise et les coopératives ont subi un remaniement profond. Naturellement, c'est surtout le chapitre IV, relatif aux entreprises publiques, qui, sous l'influence des tendances de socialisation, a été complètement transformé et, dans tous les chapitres, on a tenu compte des développements les plus récents et des nouvelles tendances d'évolution des grandes entreprises.

La première édition a été en Allemagne peu commentée dans les revues scientifiques ; elle l'a été souvent à l'étranger. Il en a également paru une traduction française (1) et une traduction russe. Certains développements, par exemple ceux qui concernent la définition de l'entreprise, l'importance du système des effets, la délimitation des coopératives ont obtenu, depuis, une très grande vulgarisation.

La suite immédiate de ce livre est le travail publié en 4ᵉ édition, en 1920, à la même librairie sous le titre : *Kartelle und Trusts und die Weiterbildung der Volks-*

(1) Cette publication a été, en réalité, empêchée par la guerre (*Note de l'éditeur*).

wirtschaftlichen Organisation. Les deux constituent un exposé complet des tendances d'évolution actuelles qui se rattachent aux entreprises, cellules de l'organisation économique. La connaissance de cette organisation est d'une importance particulière en ce moment où des tendances si profondes vers la transformation de tout notre ordre économique sont à l'ordre du jour, et où on constate effectivement des bouleversements considérables des conditions économiques. Il m'est permis d'affirmer que cet exposé est libre de tout préjugé politique et social. Au contraire, c'est précisément par intérêt pour les classes ouvrières que j'en suis arrivé à répudier la plupart des plans de socialisation et à des propositions leur permettant d'obtenir davantage et de façon plus sûre dans les conditions actuelles. Le livre lui-même n'a d'ailleurs d'autre but que de servir, indépendamment de toute politique, à la connaissance scientifique.

Fribourg-en-Brisgau, mai 1921.

ROBERT LIEFMANN.

CHAPITRE PREMIER

DE L'ÉCONOMIE FAMILIALE A L'ENTREPRISE

1. Définition de l'entreprise

Aussi loin que l'on remonte dans l'évolution humaine, l'homme n'a jamais exercé isolément son activité économique. Même chez les peuples les plus primitifs, qui n'ont pas encore appris à cultiver le sol et à élever les animaux, mais qui vivent de la cueillette des fruits sauvages et de la chasse, nous trouvons une coopération économique, une économie commune. Une certaine division du travail est imposée par la nature, par la différence des sexes et des âges. La famille, à laquelle appartiennent souvent aussi les parents éloignés (ce que l'on nomme la famille au sens large), forme l'unité économique, et l'habitation commune le centre économique. L'économie familiale absorbe toute l'activité économique, satisfait tous les besoins.

L'apparition de l'échange n'apporte pas tout d'abord de grande modification, car il n'est qu'accidentel et ne s'étend qu'à l'excédent de produits de deux économies, aux objets de luxe et aux objets rares apportés de temps en temps par des gens étrangers à la tribu. Une économie d'échange proprement dite, dont le but est de produire pour l'échange, n'est rendue possible que par l'apparition d'un moyen d'échange général, l'argent. Le passage de l'économie naturelle à l'économie monétaire ne se fait que très lentement et que par étapes nombreuses. Le petit cultivateur, dans les contrées éloignées de toute communication, produit et consomme aujourd'hui encore la plus grande partie des biens dans sa propre économie et, il n'y a pas très longtemps, avant le développement de la grande industrie et des chemins de fer, ce cas était encore plus répandu. Dans les métiers même, jusqu'à l'époque actuelle, on trouve des vestiges de l'économie naturelle, par exemple, l'habitude qu'avaient les boulangers de livrer deux livres de pain pour trois livres de farine en gardant le reste comme paiement de la cuisson ou celle des ferblantiers, des orfèvres, qui étaient payés avec une partie de la matière première.

Mais, outre ces vestiges d'économie naturelle, on peut suivre une évolution très caractéristique dans l'économie monétaire elle-même. Elle se distingue par ce fait que l'artisan du moyen âge est remplacé par l'entrepreneur moderne (1). D'après ce principe, on peut distinguer dans l'évolution de la production de l'économie d'échange, les deux périodes suivantes : dans la première, la production a lieu sur commande de celui qui veut consommer les produits. Dans la seconde période, le producteur travaille sans commande pour le marché. C'est pourquoi l'on nomme la première période celle de la production

---

(1) Nous n'appliquerons pas ces divisions aux formes économiques de l'antiquité, à cause du désaccord qui existe à ce sujet entre les différents historiens.

pour le consommateur et la seconde celle de la production pour le marché. Nous appelons métier la forme économique de la première période, celle de la production sur commande, et entreprise celle de la production pour le marché.

Si l'on envisage les conséquences de la production pour le marché considérée dans son opposition à la production sur commande, on constate qu'elle entraîne un risque beaucoup plus grand. Le langage courant lui-même considère ce risque comme l'essence même de l'entreprise. Quand on parle d'entreprise guerrière, d'entreprise d'exploration, on pense au risque que court celui qui les entreprend. Ce risque, qui n'existe pas pour l'artisan, réside, avec la production pour le marché, dans l'éventualité de ne pas trouver de débouché pour les produits. Ceux dont le travail comporte un tel risque, sont appelés entrepreneurs.

Cette production pour le marché ne s'est toutefois développée que très lentement et seulement, pour l'essentiel, dans la période moderne. Au moyen âge, la forme courante du travail était ce que l'on appelle le travail du journalier, c'est-à-dire que l'artisan ne vendait pas de produits mais travaillait simplement une matière première à lui confiée. On n'avait donc besoin que d'un capital très modeste. L'économie familiale était, même dans les villes, encore bien plus répandue qu'aujourd'hui. Tous les habitants ou à peu près avaient un lopin de terre en dehors de la ville, d'où ils tiraient une grande partie de ce qu'ils consommaient, jusqu'au lin notamment et souvent même du blé. Le lin était ensuite filé par les femmes, puis on avait recours au tisserand pour le tissage ; on préparait soi-même le pain, que l'on confiait au boulanger pour la cuisson, on portait chez le tanneur les peaux de ses propres animaux et on confiait ensuite le cuir au cordonnier pour en faire des souliers, au gibecier pour en faire des poches, au bourrelier pour en faire des harnais. Bref, c'était le consommateur qui dirigeait toute la production, l'artisan journalier ne travaillait que sur commande et le plus souvent avec la matière première qu'on lui remettait.

On sait comment ce mode de travail s'organisa suivant le principe d'autorité dans la corporation. La corporation fut une organisation de monopole ; elle ne se constituait pas librement comme les groupements, cartels et trusts d'aujourd'hui, elle était concédée par l'État, elle était une fonction publique. Dans un métier déterminé, le groupement des maîtres, corporation, jurande ou guilde, avait le droit exclusif de produire et de mettre en vente des marchandises données, d'avoir des apprentis, de former des compagnons, etc. Les prix des produits et des services étaient également fixés, en règle générale, par l'autorité, qui contrôlait aussi la qualité des produits. Pour avoir accès au métier, il fallait avoir été régulièrement apprenti et compagnon et avoir subi l'examen de maître. Toutes ces dispositions servaient à entretenir dans les villes un corps d'artisans jouissant d'une aisance régulière, à assurer à chacun les moyens de vivre, à empêcher toute concurrence excessive ainsi que des différences par trop grandes des revenus et des fortunes. L'institution des corporations a eu, pendant plusieurs siècles, des effets heureux, elle a contribué à la prospérité des villes au moyen âge, jusqu'au jour où elle est devenue quelque chose de rigide, où elle n'a plus été viable étant donné l'accroissement du commerce et du trafic et où elle a été peu à peu évincée. La suppression officielle des corporations n'a pourtant guère eu lieu qu'au XIX⁰ siècle.

Aujourd'hui il ne reste du travail de journalier en usage au moyen âge que des vestiges. Il existe encore de petits tailleurs à qui on remet l'étoffe, qui ne vendent pas un habit mais sont payés pour le travail effectué sur l'étoffe à eux remise. De même la couturière va ainsi faire des journées. On apporte encore le grain au meunier, la farine au boulanger, le bois au menuisier. Dans les derniers temps cette manière de faire a même repris une certaine extension pendant la guerre. Mais, en général, ce travail de journalier a cédé de plus en plus le pas à l'achat des matières premières et à la vente des produits par l'artisan lui-même.

Cette évolution progressive de la production par le travail du journalier vers l'entreprise qu'est le métier d'aujourd'hui a été surtout favorisée par le commerce. Le commerce implique la mise en vente de produits que le client n'a pas besoin de commander à l'avance et d'attendre. Il est de fait qu'aujourd'hui tout producteur est en même temps dans une certaine mesure un commerçant, que toute organisation de production doit être complétée par une organisation de vente et que, dans les grandes entreprises de production, la direction technique et la direction commerciale sont entre des mains différentes.

Le commerce s'est développé au moyen âge d'abord pour les produits étrangers ; parmi les produits indigènes, ce fut principalement le sel qui devint un objet de grand commerce. Ce commerce ne fut pas soumis aux restrictions corporatives, il permit le développement de plus grandes fortunes et il donna naissance au crédit, le commerce mettant des capitaux considérables à la dis-

position de princes ou de communes ou même de producteurs. Vers la fin du moyen âge, au fur et à mesure
de la décadence des corporations, le commerce s'insinue
de plus en plus dans la production, en ce sens qu'il fait
travailler pour lui des artisans, principalement des artisans des campagnes qui ne sont pas organisés en corporations, afin de vendre leurs produits. On en arrive ainsi
à une forme caractéristique de collaboration entre un
commerçant et des artisans ; c'est ce que l'on appelle
l'industrie à domicile, autrement dit le système de la
commission : un marchand, le commissionnaire, organise
la production de producteurs artisans. La forme d'exploitation du métier subsiste donc. Mais ce n'est plus le consommateur qui fait travailler le journalier ; c'est le commerçant. Il donne à chacun la matière première, fait
travailler celle-ci et vend le produit (1). Le commerce
pénètre ainsi dans la production, en porte les risques,
pendant que le producteur reste un journalier. Mais ce
système de travail à domicile n'est, dans la plupart des
cas, qu'un stade intermédiaire. A un stade plus avancé
de l'évolution, le producteur organise lui-même la production, l'écoulement, supporte le risque. Ainsi apparaît
l'entreprise de production. Elle apparaît sous deux formes, qui coexistent et ne se différencient que par la technique de l'exploitation, la manufacture, qui conserve
encore la technique du métier, mais qui réunit de nombreux travailleurs dépendants dans une même entreprise,
et la fabrique, qui travaille avec des machines.

Dans les entreprises qui produisent à l'aide de machines

______

(1) Pour ce qui est des différentes organisations qui ont ainsi
pris naissance cf. mon livre *Über Wesen und Formen des Verlags
der Hausindustrie*, Tübingen, 1899.

coûteuses, c'est le capital fixe qui supporte le principal risque, contrairement au commerce où c'est le capital circulant, inclus dans la marchandise. Ce risque n'en existe pas moins, quand l'entrepreneur ne travaille pas pour le marché, mais sur commande. Les fabricants de canons, de locomotives, les constructeurs de ponts et beaucoup d'autres ne produisent pas en stock, mais n'en sont pas moins des entrepreneurs parce qu'ils risquent un capital fixe, tandis que le journalier qui n'a pas de commandes, le tailleur qui répare les vêtements, la couturière ne courent aucun risque de capital. Dans le premier cas, le risque de capital consiste précisément à mettre sur pied une entreprise, à mettre des capitaux considérables dans une branche d'industrie, dont on ne sait pas encore si elle rapportera des bénéfices.

Or, comme l'on emploie aujourd'hui des machines coûteuses dans beaucoup de branches d'anciens métiers manuels, un grand nombre d'artisans deviennent de petits entrepreneurs. Par le progrès de la technique, ce processus a envahi un nombre toujours plus grand de métiers et n'est pas encore terminé aujourd'hui. Le serrurier, le menuisier, le cordonnier sont pour la plupart aujourd'hui de petits entrepreneurs, lorsqu'ils ne sont pas, ce qui arrive souvent, de simples agents d'une fabrique ou de purs commerçants. C'est le cas pour les parapluies et souvent aussi pour les chapeaux. Mais le métier à la journée joue toujours un rôle important dans les industries qui s'occupent de la réparation et de l'installation : horlogers, petits tapissiers, peintres, tailleurs faisant des réparations, installeurs. Très souvent, ces industries sont accompagnées d'un commerce de boutique. Mais la boutique n'est pas aujourd'hui le signe du petit commerce indépendant, l'activité de ces commerçants qui passent pour indépendants, n'est possible que par les crédits des fabricants qui les soutiennent. Cependant, le métier proprement dit n'a pas complètement disparu et l'industrie à domicile s'est conservée aussi dans les branches où la machine n'est pas, pour des raisons diverses, plus productive que le travail manuel, par exemple, dans l'industrie de la confection, où, par suite du changement rapide de la mode, il est impossible de mettre des capitaux importants dans les machines, comme cela se fait dans maintes branches du tissage.

Dans l'agriculture, l'évolution vers l'entreprise n'est pas contestable. Là où pénètre la grande exploitation, l'augmentation du risque, caractéristique de l'entreprise, résulte de la difficulté croissante de l'écoulement des produits sur le marché et de la croissance des industries accessoires et complémentaires nécessitant un capital toujours plus grand. La petite exploitation agricole elle-même, par suite d'une union toujours plus étroite avec le marché des villes, perd le caractère d'une grande économie familiale pour devenir une petite entreprise.

Comme on le voit, la définition de l'entreprise suivant le risque comprend bien un élément juste, mais elle ne permet pas de délimitation nette. Le risque du petit paysan, qu'on n'appelle guère un entrepreneur, est bien du même ordre que celui du grand propriétaire foncier, celui de l'artisan qui tient une petite boutique, du même ordre que celui du fabricant, mais il y a une différence de degré et il en résulte d'innombrables variations. C'est pourquoi, depuis la 1re édition de ce livre, j'ai complété la définition de l'entreprise par un caractère absolument nouveau qui, pratiquement aussi, est de grande impor-

tance et est connexe du risque du capital : c'est le calcul
en capital, l'action de mettre à la base de l'activité d'acquisition une somme d'argent fixe, le capital. Le commerçant part d'une somme d'argent fixe qu'il fait rou-
ler plusieurs fois dans l'année ; elle est son capital,
qu'il place dans les marchandises et qui est parfois tenu
distinct de sa fortune privée. De même le fabricant et
aussi le grand propriétaire foncier partent d'une somme
d'argent fixe qu'ils investissent dans leur fabrique, dans
leur bien ; sur cette somme ils calculent les rendements
en argent qu'ils obtiennent. Je n'entends donc pas par la
désignation de capital, comme l'a fait jusqu'ici la théorie
économique « matérialiste », les instruments de production en tant que tels ; c'est pour moi un concept de calcul
monétaire, « l'estimation en argent des biens acquis durables et l'argent lui-même en tant que tel » (1). On ne
peut établir l'importance de biens acquis durables, bâtiments, machines, etc., pour l'obtention du rendement
net d'une certaine branche économique, on ne peut pas
en défalquer un tant pour cent du rendement brut pour
avoir le rendement net. C'est pourquoi on les inscrit,
c'est-à-dire on inscrit l'ensemble des instruments de production dans le bilan pour une somme fixe. Cette somme
est le capital, qui est placé en partie en instruments de
production durables, comme capital fixe, en partie investi
dans des matières premières, des marchandises, des salaires, etc., comme capital circulant.

Le petit artisan, le paysan ne font pas de cette façon

(1) Le lecteur trouvera les bases théoriques de tout l'exposé suivant dans mes *Grundsætze der Volkswirtschaftslehre*, t. I, 2ᵉ édit.,
1920, t. II 1919, Stuttgart. L'exposé des formes d'entreprise donné
ici est la suite directe de cet ouvrage.

nette le calcul en capital. Pour eux le travail personnel, parfois aussi celui des membres de la famille, tient une plus grande place. Dans le calcul de son rendement, ils ne font donc pas rentrer en compte les instruments de production employés en tant que capital, ils établissent seulement un bilan du rendement (profits et pertes) sans établir de bilan de l'avoir. Par contre, toutes les économies d'acquisition d'une certaine importance partent d'un capital fixe, qui peut éventuellement être augmenté. Elles sont des entreprises. Une grande propriété agricole, même si elle n'a pas changé de propriétaire depuis des siècles, sera elle-même, ne serait-ce qu'en vue des comptes d'héritage, inscrite au bilan pour une somme d'argent déterminée.

Cette conception de l'entreprise correspond aussi bien à l'usage de la langue courante qu'aux vues juridiques, car le Code de commerce exige, dans ses par. 38 et 39, du « commerçant » qu' « il mette en lumière la situation de son avoir », c'est-à-dire qu'il dresse un bilan de son avoir. « Tout commerçant doit, en commençant son commerce, inscrire exactement ses biens fonciers, ses créances et dettes, le montant de ses disponibilités en espèces et les autres éléments de son avoir ; il doit indiquer la valeur des différents éléments de son avoir et dresser un compte établissant le rapport de l'avoir et des dettes. Il doit, dans la suite, dresser pour la fin de chaque année un tel inventaire et un tel bilan ».

Cette obligation de dresser un bilan atteint toutes les économies d'acquisition d'une certaine importance, qu'elles s'occupent de production, de commerce ou qu'elles rendent des services, toutes celles que l'usage de la langue courante qualifie d'entreprises. Car les petits artisans, boutiquiers, etc., « dont l'exploitation ne dépasse pas le cadre du petit métier » et qui ne sont pas en situation de dresser une telle estimation de leur avoir sont, sous la désignation de « bas-marchands », exclus par le par. 4 du Code de commerce de la prescription relative à la comptabilité, à l'inventaire et au bilan, et la langue courante ne les qualifie pas non plus d'entrepreneurs. Leur qualification de marchands, même lorsqu'ils ne sont pas commerçants mais producteurs, s'accorde avec le fait de la production pour le marché, qui nécessite une organisation spéciale de l'écoulement des produits.

Il ne faut naturellement pas perdre de vue que ce point de vue du bilan de l'avoir, ou du compte du capital comme nous disons, est essentiellement d'ordre économique privé. Mais il n'en est pas moins en connexion la plus étroite avec le facteur du risque d'où procède l'usage de la langue courante. Car, vu de près, que risque l'entrepreneur-commerçant ? Il ne risque pas les marchandises qu'il ne peut vendre avec bénéfice, il risque l'argent qu'il y a mis ou bien il risque de ne pas obtenir pour cet argent un intérêt suffisant. L'entrepreneur-producteur ne risque pas davantage ses bâtiments, ses machines, ses installations ; il risque seulement de ne pas obtenir un rendement suffisant pour l'argent qu'il y a mis. Tout le risque est donc uniquement quelque chose de monétaire ; aussi n'est-il éprouvé comme tel que là où on établit un compte de capital, une estimation en argent des biens acquis, ce qu'on appelle aussi, de façon caractéristique, conversion en capital. Notre exposé n'a pas d'autre but que de permettre une certaine limitation, de fournir des points de vue pour une distinction qui a du reste une importance

pratique notable, car on a déjà souvent essayé de déii-
miter par exemple le métier et la fabrique.

2. L'ENTREPRISE EN TANT QU'ÉCONOMIE D'ACQUISITION
AUTONOME

L'ordre économique actuel a pour base, comme on sait,
l'échange privé. Tous les besoins sont satisfaits par l'achat
de biens et de services aux personnes qui les offrent, l'argent servant d'intermédiaire. On a ainsi réalisé une séparation complète de l'économie familiale ou de consommation et de l'activité d'acquisition. Par cette dernière on
obtient un rendement en argent, sous la forme de salaire,
de traitement, d'intérêt ou de bénéfice, et ce rendement,
passant dans l'économie de consommation, est le revenu
d'où procède la satisfaction des besoins. La plupart de
ceux qui travaillent pour l'acquisition n'ont d'ailleurs pas
d'économie d'acquisition qui leur soit propre ; ils travaillent dans une économie d'acquisition étrangère, par exemple les ouvriers dans les fabriques ou dans les propriétés
rurales, les employés dans les magasins, ou bien ils travaillent dans une économie familiale étrangère, par exemple
ple les gens de maison, ou enfin dans un établissement
n'ayant pas le caractère d'une économie, par exemple les
fonctionnaires, les instituteurs, les juges, etc. Tous travaillent pour l'acquisition, car chacun tend à un rendement en argent, le plus élevé possible, afin de pouvoir
satisfaire ses besoins aussi pleinement que possible dans
son économie de consommation. Le fonctionnaire lui-
même ne travaille pas pour assurer l'accomplissement des
tâches qui incombent à l'État, mais pour obtenir un

rendement en argent. Abstraction faite des cas où les rendements en argent sont fixés, sous forme de traitements, unilatéralement par l'État, l'obtention des rendements en argent, qu'il s'agisse de vente de marchandises ou d'offre de services, s'opère par l'établissement du prix dans le libre échange. Le salaire est un prix et tout revenu du fabricant ou du commerçant provient des prix qui sont payés pour ses marchandises ou ses services (1). Le niveau des prix est établi partout par le rapport de l'offre et de la demande, l'offre et la demande étant toutefois à leur tour fonction des prix, en ce sens que toutes les deux sont limitées par un minimum de rendement obtenu, ce que l'on appelle le « rendement-limite d'échange ». A l'intérieur des limites indiquées par ma théorie du prix, ceux qui offrent aussi bien que ceux qui demandent peuvent exercer une influence sur la formation du prix par des associations de monopole (groupements industriels, cartels, trusts, groupements d'achat).

Ceux qui offrent leurs propres services, les ouvriers au sens le plus large du mot, y compris toutes les professions libérales, ne peuvent être rangés parmi les entrepreneurs. Car la définition de l'entrepreneur implique une entreprise, une économie d'acquisition autonome, qu'il n'a d'ailleurs pas besoin de gérer lui-même. Cette économie d'acquisition constitue, au moins au point de vue des comptes, une personnalité économique propre, ce qui, par exemple, pour le « commerçant » du Code de commerce s'exprime par la « firme ». Au point de vue de l'exploitation intérieure cela se manifeste par le fait

---

(1) Voir à ce sujet la théorie du prix et du revenu dans le tome II de mes *Grundsætze der Volkswirtschaftslehre*, Stuttgart 1919.

que l'entreprise a comme base un capital spécial, que son avoir est maintenu distinct de la fortune privée du propriétaire et son rendement des autres recettes que peut avoir le propriétaire.

Cette séparation entre une économie d'acquisition autonome et l'économie familiale de son propriétaire n'existe pas pour les petites économies d'acquisition de l'artisan ou du paysan ; là, l'économie de consommation et l'économie d'acquisition sont encore étroitement liées. La séparation s'effectue tout à fait progressivement, et elle part du côté technique de l'économie. Le côté technique d'une économie, de ses installations et établissements extérieurs, y compris le travail qui s'y effectue, est appelé « exploitation ». Chez l'artisan du moyen âge, l'exploitation d'acquisition est encore peu distincte de celle de l'économie de consommation. Elle s'effectue en liaison très étroite avec l'économie domestique et familiale ; les travailleurs étrangers sont même annexés à la famille. Il en est de même encore aujourd'hui chez les paysans. A mesure que des installations plus considérables, que des ateliers indépendants deviennent nécessaires, l'exploitation d'acquisition se sépare de plus en plus de l'économie domestique, par exemple chez le meunier, le forgeron, le boulanger, le tanneur, et, à un degré moindre, le tailleur ou le cordonnier. Cela apparaît surtout là où l'établissement d'une installation dépasse les moyens d'un particulier. De très bonne heure en Allemagne, où l'idée coopérative a été de tous temps vigoureuse, on en est arrivé à des installations d'exploitation collectives, tanneries, boulangeries, teintureries, brasseries, abattoirs, etc. Au début ces exploitations apparaissaient encore comme une annexe de l'économie familiale, à telle enseigne que les membres les utilisaient chacun à leur tour, ce qui était le cas pour la brasserie commune, le four banal. Peu à peu, elles ont donné naissance à des économies d'acquisition autonomes, mais dans une exploitation commune. Dans d'autres branches de production, les mines, les forges, les salines, où une collaboration collective a été toujours nécessaire, ces exploitations coopératives ont donné peu à peu naissance à des formes de société spéciales, les syndicats miniers ou sauniers.

Mais, en général, le développement de l'entreprise, comme nous l'avons déjà vu, procède du commerce. Ici se développe le travail pour le stock, l' « anticipation du besoin », suivant la formule dont je me suis déjà servi il y a 25 ans dans mon étude sur les « associations d'entrepreneurs » ; c'est ici qu'apparaît aussi le calcul en argent, avec, comme base de départ, un certain capital-argent avec lequel on obtient des rendements, ici qu'apparaît enfin la « firme » qui constitue une personnalité économique autonome, une économie d'acquisition spéciale. Et c'est ainsi qu'il se fait qu'aujourd'hui encore la situation juridique des économies d'acquisition autonomes est réglementée par le Code de commerce, que toutes y apparaissent comme des « marchands », alors qu'aujourd'hui leur rôle principal est la production.

C'est par le détour du système de la commission, par lequel le commerce a fait sauter les limitations corporatives du métier, que s'est développée l'entreprise de production. Cette évolution s'est accomplie principalement au cours du xixe siècle et ses causes sont, pour l'essentiel, de nature technique : ce sont les grandes inventions et découvertes techniques qui, commençant au milieu du xviiie siècle avec la machine à vapeur, la machine à filer, le tissage mécanique, ont principalement imposé leur sceau au XIXe siècle. Elles remplacèrent de plus en plus le travail à la main par le travail mécanique et permirent un accroissement énorme de la production. Les machines et les propulseurs mécaniques permirent ainsi et exigèrent la grande exploitation, la fabrication en masse à la place de la petite exploitation de l'artisan. Mais pour pouvoir employer ces machines et passer à la production en masse, autre chose était encore nécessaire : l'écoulement en masse des produits. Cette condition ne fut réalisée que par l'amélioration et le meilleur marché des possibilités de transport ; et, ici encore, ce furent deux nouvelles inventions, le chemin de fer et la navigation à vapeur, qui, en rendant moins onéreux le coût des transports, rendirent possible la grande exploitation dans beaucoup de branches de production. Un exemple illustrera cela. Même si on avait eu les machines actuelles pour la fabrication des clous, une fabrique de clous actuelle, fabriquant à l'heure des centaines de milliers de clous, eût été impossible avant l'époque des chemins de fer. La valeur du produit n'était pas compatible avec le coût élevé des transports à grande distance en ce temps-là. Aujourd'hui par contre, il n'y a aucun obstacle technique et économique à ce qu'une seule fabrique pourvoie de clous le monde entier.

A côté de la production, les transports aussi, énormément développés avec l'accroissement du trafic, devinrent un objet de grandes entreprises, qui ont été même parfois les plus grandes dans lesquelles se soit réuni jusqu'ici le capital privé, en règle générale sous la forme d'entreprises sociétaires. Mais, ici, l'exploitation publique également est fréquente, à cause des dangers de monopole qu'impliquent les transports (voir chap. IV).

Avec les progrès de la technique s'est aussi développée de plus en plus la spécialisation des entreprises. Il y a aujourd'hui des entreprises pour les spécialités les plus extraordinaires. Je ne cite que quelques objets d'utilisation nouvelle et universellement connus tels que les becs à incandescence qui ont donné le jour à toute une industrie, les fabriques spéciales pour lanternes de bicyclettes, l'industrie photographique où il y a des fabriques spéciales qui ne produisent que des plaques, d'autres qui ne produisent que du papier, d'autres encore qui ne produisent que des appareils. Il y a des fabriques spéciales de calendriers, de bustes en bois pour la décoration des vitrines, de papier pour les cabinets ; il en est qui ne produisent que des étoffes pour cravates et d'autres qui confectionnent les cravates, etc. Que l'on pense aussi à ce que l'on appelle la spécialisation « verticale » : par combien d'exploitations indépendantes passe la laine, depuis l'éleveur australien, pour parvenir, sous la forme de complet, dans le magasin de confections et dans les mains du consommateur ! Par cette spécialisation, chaque entreprise devient, dans sa spécialité, plus perfectionnée et produit à meilleur marché. Mais elle a l'inconvénient que, par suite de la division infinie de la production qui en est la conséquence, il est difficile de dominer la situation du marché pour le produit achevé. Et cela d'autant plus que les exploitations indépendantes par lesquelles la matière première est obligée de passer, sont plus nombreuses. Il peut arriver qu'à un certain stade de la production, on produise trop ou que les entrepreneurs se trompent sur les prix qu'ils pourront obtenir pour le produit achevé. Les variations de la conjoncture et les crises sont causées en grande partie par cette spécialisation trop grande. Le chemin de la matière première au produit achevé est trop long pour qu'on puisse adapter la production de celle-là aux changements qui surviennent dans la demande de celui-ci. Bref, la spécialisation est une augmentation du risque de l'entrepreneur.

Donc, les inventions techniques ont rendu possible la production et l'écoulement en masse et elles ont créé par là l'entreprise moderne ; mais, en même temps, elles ont donné une impulsion considérable au développement de l'entreprise commerciale. Considérons d'abord que le commerce a pour tâche de distribuer les produits de la fabrication en masse. L'entreprise de production avait un besoin plus grand du commerce pour l'écoulement de ses produits que l'artisan qui ne satisfaisait qu'un besoin local. Le commerce sut ouvrir de nouveaux débouchés, exciter les besoins, et il se servit pour cela des moyens modernes de publicité et de réclame, qui sont inséparables de l'essence même de l'entreprise.

Mais la tâche du commerce ne s'étend pas seulement à la distribution des produits. Au début de l'entreprise, il était certainement et il est encore aujourd'hui en partie le facteur principal de l'établissement du prix. L'ancien mode de fixation du prix, par la voie de l'autorité, avait disparu avec les corporations. Les producteurs durent alors résoudre le problème d'adapter la production et le prix à la demande. Ce fut le commerce qui assuma une grande partie de cette tâche en s'interposant de plus-en-plus entre les producteurs et les consommateurs.. Son influence augmenta ainsi considérablement. Il parvint même souvent à mettre des entreprises en tutelle, le plus souvent en les soutenant de son crédit et il accapara ainsi la plus grande partie du bénéfice. En effet, chaque producteur ne pouvait embrasser du regard la situation du marché et il préféra vendre à prix fixe au commerçant. Ce commerce n'était donc nullement superflu ; il ne servit pas seulement d'intermédiaire entre producteur et consommateur, mais encore il prenait sur lui une grande partie du risque. Ce n'est que tout récemment que les producteurs par des organisations communes, des syndicats et des cartels ont pris eux-mêmes partiellement en mains l'adaptation commune de la production aux besoins et qu'ils ont cherché maintes fois à évincer et à exclure les entreprises commerciales. La situation actuelle après la guerre mondiale, cette époque de grande incertitude économique et de fluctuations considérables des prix, est toutefois bien faite pour donner au commerce et à la spéculation une forte prépondérance sur la production, pour leur offrir au moins des chances extraordinaires de bénéfices.

Il est hors de doute que l'entreprise privée s'étend encore de plus en plus, qu'aussi bien dans le métier que dans l'agriculture en particulier le capital-argent joue un rôle de plus en plus grand, que le calcul en argent et la comptabilité en argent s'y introduisent de plus en plus. Cela apparaît par le fait, déjà constaté auparavant en Amérique, que les artisans et les agriculteurs sont, en nombre de plus en plus grand, en relations avec une Banque. Cette évolution vers l'entreprise résulte, comme nous l'avons déjà dit, du besoin plus considérable de capital, du plus grand emploi des machines, des sommes de plus en plus considérables aussi que nécessitent les salaires. En ce sens, toute la vie économique devient donc, en fait, de plus en plus « capitaliste » ; de plus en plus ses calculs ont pour base l'argent et le capital ; c'est une constatation à laquelle toutes les tentatives de socialisation ne peuvent rien changer. Car, si on ne socialise que certaines branches d'acquisition, l'État est obligé de les gérer de façon tout aussi capitaliste. Quant à une socialisation intégrale, c'est-à-dire qui supprimerait toutes les économies d'acquisition privées, qui évincerait complètement tout effort d'acquisition privé, on ne saurait aujourd'hui y songer sérieusement (voir chap. IV).

Pour une autre raison encore il n'est pas illégitime de parler aujourd'hui de capitalisme et d'entreprise capitaliste à notre sens, en entendant par là l'apparition du calcul en argent. Un nombre de plus en plus considérable d'entreprises est constitué non pas par des entreprises individuelles, dans la main d'un seul propriétaire, mais par des entreprises sociétaires, auxquelles participent plusieurs personnes et parfois un très grand nombre de personnes. Or une telle entreprise sociétaire, quelle que soit sa forme, exige, pour la répartition des rendements, le calcul en capital et la séparation complète entre l'économie domestique et l'économie d'acquisition, celle-ci étant dotée d'un avoir propre. Dans la plupart des entreprises sociétaires, cet avoir est déjà une personnalité indépendante en droit ; elles ont, suivant la formule, le droit de la personnalité juridique. Dans nombre de formes de sociétés, en particulier dans les sociétés par actions, l'avoir est aussi, ou peut être, — la forme juridique elle-même n'est pas déterminante, — une personnalité économique indépendante, qui apparaît comme complètement distincte de l'économie des nombreux entrepreneurs, des fondateurs et actionnaires de la société, lesquels n'y participent que par le capital. De ces formations, extrêmement importantes aujourd'hui, il sera longuement question au chapitre II.

3. GRANDES ET PETITES EXPLOITATIONS ET ENTREPRISES

Par exploitation on entend les installations et organisations extérieures d'une activité économique, y compris l'activité des personnes qui dirigent et exécutent. C'est un concept technique, désignant des activités techniques qui sont toutes englobées par l'économie. Il se rattache naturellement principalement à l'endroit du travail et à la durée du travail, signes manifestes d'une activité économique. On pourrait aussi l'appliquer à l'économie domestique où, aujourd'hui au moins encore, la cuisine représente une exploitation ; mais le concept d'exploitation a son importance principale pour les économies d'acquisition autonomes. Même pour la couturière qui travaille chez elle pour des clients, on ne considérera pas la machine à coudre comme une exploitation, pas plus que le bureau ou la machine à écrire du copiste qui se charge de travaux pour des clients. Dans l'agriculture, l'exploitation de l'économie d'acquisition et l'économie domestique sont encore étroitement liées, ce qui est encore le cas aussi, dans une certaine mesure, pour la petite industrie et le petit commerce. Mais la boutique de celui-ci et l'atelier de la première sont les signes d'une exploitation spéciale. Dans les entreprises l'exploitation est complètement séparée de l'économie domestique de ses propriétaires et c'est ainsi précisément qu'elle devient la base d'un compte de capital spécial, ce que nous avons reconnu comme le caractère de l'entreprise. Mais il arrive aussi qu'un très grand nombre d'exploitations sont réunies dans une entreprise, car l'exploitation est précisément l'unité technique, déterminée par des caractères techniques, le local, le procesus de production formant un tout, etc. C'est ainsi que des exploitations de même nature à différents endroits peuvent être réunies dans une entreprise, par exemple les succursales d'une maison de commerce, et que des activités de production et des activités d'acquisition qui se succèdent dans le temps peuvent être réunies dans la même entreprise, par exemple dans l'industrie des exploitations qui fournissent la matière première et des exploitations qui la transforment : filature, tissage, teinturerie, apprêtage constituent des exploitations distinctes, ou bien dans le commerce de gros : magasin, expédition, comptabilité, etc.

Dans toutes les branches d'acquisition, la différence de la grandeur de l'exploitation joue un rôle très considérable, important même au point de vue de la politique économique. Si on ne tient pas compte de caractères purement techniques, cette différence distingue aussi les économies : entreprises d'un côté, petites économies d'acquisition (il manque pour celles-ci un nom spécial) de l'autre. Tandis qu'autrefois dans l'industrie la petite exploitation était la règle et que toute la réglementation économique, le système des corporations, tendait à limiter l'exploitation de chacun à la mesure qui lui permettait de « gagner sa vie », nous voyons aujourd'hui des exploitations de grandeur très différente. Dans l'agriculture cette différence, pour des raisons historiques, n'est sans doute point nouvelle. Là, il y a eu de tout temps, à côté des petits paysans, qui pour la plupart étaient autrefois des serfs, les grands propriétaires fonciers. Mais dans l'industrie, en dehors peut-être de l'industrie minière, de l'industrie métallurgique qui ne pouvaient jamais prendre la forme du métier, la différence d'extension des exploitations n'a résulté que du progrès technique moderne, et, l'éviction rapide de la petite exploitation, autrefois générale, par des entreprises de plus en plus grandes est un des problèmes économiques que, depuis des dizaines d'années, on a le plus souvent discuté. Aussi a-t-on cherché à définir plus nettement la démarcation entre les deux. Mais des caractères techniques de l'organisation de l'exploitation se mêlent à des caractères économiques, c'est-à-dire à des caractères qui résultent de la situation du métier ou des entreprises dans le domaine de l'échange. Le caractère distinctif le plus important au point de vue économique est sans aucun doute la plus grande spécialisation du travail dans l'entreprise, qui provoque une séparation entre la direction et l'exécution du travail. Dans le métier, dans la petite exploitation, le propriétaire de l'exploitation travaille en règle générale de la même façon que ses employés. Dans la grande exploitation au contraire, la direction de l'entreprise devient une tâche à part qui exige un savoir-faire spécial. A un degré plus élevé, on trouve encore une séparation entre la direction technique et la direction commerciale, et, dans des entreprises tout à fait considérables, les deux se spécialisent encore suivant les exigences particulières.

Une autre distinction, solidaire de celle-ci, est la différence sociale qui existe entre l'entreprise, où les directeurs et les ouvriers appartiennent à des classes tout à fait différentes quant à leur éducation, leur instruction professionnelle et leur situation sociale, et la petite exploitation où employeurs et employés appartiennent à la même classe sociale et où souvent même les ouvriers sont admis dans la famille de l'employeur.

Les grandes entreprises se distinguent de plus en ce qu'elles travaillent régulièrement pour un marché étendu, tandis que l'artisan n'a qu'un débouché local. Tous ces caractères se retrouvent aussi dans la grande et dans la petite exploitation agricole, quelquefois aussi dans le commerce, avec cette différence que, dans le commerce en gros, la différence sociale, à cause de l'importance moindre des forces de travail, joue un rôle plus effacé.

La statistique se base, pour distinguer les grandes exploitations des petites, sur un trait tout à fait extérieur, le nombre des travailleurs occupés, ce qui ne peut donner une image exacte, puisque, dans les différentes branches de la production, le nombre des travailleurs nécessaires est fort variable ; les fabriques de produits chimiques et les filatures emploient, proportionnellement au capital, beaucoup moins de travailleurs que les carrières, les entreprises de bâtiment ou les mines.

La statistique distingue les exploitations à une seule personne, les petites exploitations, c'est-à-dire celles qui emploient de 1 à 5 ouvriers, les exploitations moyennes (de 5 à 50 ouvriers), et les grandes exploitations. On a fait des classes spéciales pour les exploitations de 50 à 200, de 200 à 1.000, et pour celles de plus de 1.000 ouvriers. Dans l'agriculture, on distingue, selon la superficie cultivée, des exploitations de moins de 2 hectares, de 2 à 5 hectares (petites exploitations), de 5 à 20 (exploitations moyennes), de 20 à 100 (grandes exploitations paysannes), et de plus de 100 hectares (grande propriété foncière).

Sur les 3.265.623 exploitations industrielles (y compris le commerce et les industries de transport) occupant 14.435.739 personnes, d'après le recensement de 1907, il y avait 1.451.700 exploitations à une personne, dont le tiers dans l'industrie de l'habillement et un quart dans le commerce. En 1882, il y avait encore 1.877.872 exploitations à une personne et en 1895 environ autant. Le tableau suivant indique l'importance des exploitations et le nombre de personnes qu'elles occupent :

	Nombre d'exploitations		
	1882	1895	1907
Petites exploitations (de 1 à 5 personnes)	1.000 661	1.053.890	1.355.204
Exploitations moyennes (de 6 à 50 personnes)	87.180	101.200	270.142
Grandes exploitations { 51 à 200 . .	8.095	15.624	26.270
201 à 1.000 .	1.752 }	3.331	5.337
plus de 1.000	127 }		506

	Nombre des personnes occupées		
	1882	1895	1907
Petites exploitations (de 1 à 5 personnes)	2.576.092	2.880 833	3.592.303
Exploitations moyennes (de 6 à 50 personnes)	1.238 564	2.454.257	3.699.174
Grandes exploitations { 51 à 200 . .	742 688	1.439.776	2.418.150
201 à 1.000 .	657.300 }	1.604.567	1.791.056
plus de 1.000	213 100 }		954 645

Sous l'influence d'inventions techniques toujours nouvelles, la grande exploitation, particulièrement dans l'industrie, a pris une extension de plus en plus grande.

Sans doute le métier lui aussi a profité d'un grand nombre de machines nouvelles et des nouveaux perfectionnements : la force électrique et les machines de faible force motrice ont rendu possible en particulier le travail mécanique dans les exploitations de moindre importance ; mais il est manifeste qu'un très grand nombre de machines ne peuvent être employées que dans la grande exploitation et qu'en vue de la fabrication en masse, ou du moins ne peuvent trouver que là leur pleine utilisation. Les avantages des grandes entreprises peuvent se résumer brièvement de la façon suivante : par une division du travail plus développée et par l'emploi plus étendu des machines, on produit à meilleur marché, on produit davantage et la satisfaction des besoins se fait dans de meilleures conditions. Les frais d'établissement, de surveillance et autres analogues ne jouent pas le même rôle que si la même quantité de produits devait être obtenue dans un certain nombre de petites exploitations. Une diminution du coût provient aussi de ce fait que de grandes entreprises peuvent souvent acheter à meilleur compte. Un des directeurs est le plus souvent spécialisé dans les questions d'achat ; il peut mieux dominer le marché des matières premières que le directeur d'une petite exploitation, qui est obligé de s'occuper lui-même de tout. De grandes entreprises obtiennent aussi plus facilement et à meilleur compte le crédit des banques ; elles ont moins besoin de celui de leurs fournisseurs, ce qui influe favorablement sur les prix d'achat.

Mais, d'autre part, la petite exploitation a aussi pour elle plus d'un avantage. La production s'effectue d'une façon moins uniforme, elle peut davantage s'adapter aux besoins individuels. Lorsque ce besoin individuel existe, la petite exploitation est souvent en état de soutenir la concurrence malgré le coût plus élevé de sa production. Le petit producteur peut également donner à sa marchandise une forme plus personnelle et plus artistique. Mais surtout les grandes entreprises entraînent un risque bien plus considérable de capital que les petites exploitations. L'établissement de ces grandes exploitations destinées à la production en masse demande beaucoup de capital ; et comme leur champ d'écoulement s'étend souvent à toute la surface du globe, il est difficile de juger des besoins du moment. Aussi la fondation déjà, puis l'exploitation d'entreprises de ce genre entraînent un risque bien plus grand, même relativement, que dans les petites économies d'acquisition qui ne travaillent guère que pour le marché local.

Dans le commerce aussi l'opposition entre grandes et petites entreprises joue un rôle et, là aussi, on constate la tendance à l'extension de la grande exploitation ; toutefois il y a lieu de distinguer entre le commerce en gros et le commerce de détail. Le premier a toujours été la forme typique de l'entreprise ; c'est lui qui est surtout refoulé par le développement récent des entreprises de production qui, à mesure qu'elles gagnent en force et en organisation collective, peuvent se passer de la tutelle antérieure du commerce de gros. Pourtant il garde son importance là où les fluctuations du prix et de la conjoncture sont fréquentes, là où le besoin de capital est considérable et le risque grand, par exemple dans le commerce des métaux. Mais là précisément les grands commerçants fortement munis de capital ont le plus souvent eux-mêmes des intérêts dans la production.

Le commerce de détail ressemble davantage par sa

nature au métier de l'artisan. La boutique avec son écoulement local en est la marque caractéristique. Mais là aussi, la grande exploitation a fait récemment des progrès remarquables, notamment sous forme d'établissements à succursales et de grands magasins. Les premiers étendent leur champ d'action au delà du marché simplement local qui est celui du commerce de détail, ce qui leur permet d'étendre extrêmement leur exploitation. Les derniers parviennent à la grande exploitation par le fait qu'ils réunissent les marchandises les plus différentes dans une exploitation de vente. Ici aussi, le succès réside dans l'écoulement en masse. Aussi ces établissements se bornent-ils à quelques sortes de marchandises et à quelques qualités pour chaque marchandise. Ainsi le commerce plus petit spécialisé garde son importance pour des besoins individuels qui demandent un choix plus riche. Toutefois nous observons précisément dans ce domaine une pénétration particulièrement importante des producteurs eux-mêmes dans la sphère de la vente, par l'établissement de dépôts, de succursales, etc... La petite exploitation dans le commerce de détail se maintient surtout pour tous les produits qui demandent la plus grande ramification de la distribution par le plus grand nombre possible de magasins ; c'est le cas principalement pour les aliments et les articles d'utilisation les plus courants.

Pour l'agriculture, la question de la grande et de la petite exploitation doit être résolue en partant de points de vue tout différents, et cela principalement parce que les exploitations de grandeur différente donnent d'ordinaire des produits également différents et qu'il est, par suite, impossible de comparer, dans la grande et la petite exploitation, la quantité de produits semblables qu'elles donnent et le bénéfice tiré de ces produits. Il est vrai qu'ici aussi on emploie des machines surtout dans la grande exploitation. Mais l'exploitation la plus intensive, si l'on calcule le coût en capital et en travail proportionnellement à la surface cultivée et à la valeur des produits, est ici en général la moins étendue. La petite exploitation peut donner bien des produits agricoles, par la culture maraîchère, l'horticulture, l'élevage des bestiaux et de la volaille, qui conviennent beaucoup moins à la grande exploitation ou qui lui reviennent plus cher. Au point de vue économique, une différence depuis longtemps reconnue entre la grande et la petite exploitation agricole réside dans le fait que celle-ci peut nourrir une quantité beaucoup plus grande de personnes employées à l'agriculture elle-même, tandis qu'au contraire la grande exploitation peut davantage fournir des aliments aux personnes employées dans les autres branches d'acquisition.

Il y avait en Allemagne, en 1907, 5 millions 7 d'exploitations agricoles dont 3 millions 37 de moins de 2 hectares, 1 million de 2 à 5 hectares, 1 million de 5 à 20 hectares, 262.191 de 20 à 100 hectares, 23.566 de plus de 100 hectares. Ces différentes catégories comprenaient 5,4 %, 10,4 %, 32,7 %, 29,3 %, 22,2 % de la surface utilisée par l'agriculture. Elles occupaient 2 millions 5 d'exploitants indépendants et 7 millions 3 de salariés.

De nos données il résulte qu'il y avait tout de même en 1907, en Allemagne, environ 5 millions de petites économies d'acquisition indépendantes. Cela prouve à quelles énormes difficultés se heurterait une véritable « socialisation intégrale » qui voudrait supprimer toute activité d'acquisition privée, supprimer l'effort d'acquisition individuel et créer une « économie collective ». Sérieusement, on ne peut y songer pour un avenir plus ou moins prochain. Quant à ce que signifierait une socialisation seulement de quelques branches d'acquisition, celles où se sont développées les plus grandes entreprises, nous en parlerons dans le dernier chapitre.

4. Les entreprises et leurs ouvriers

Le développement de la grande exploitation et de l'entreprise a également été de la plus grande importance pour les ouvriers et c'est même cette évolution qui a donné naissance à la classe ouvrière actuelle et aux problèmes posés par celle-ci. Dans l'industrie médiévale, patron et ouvrier, maître, compagnons et apprentis, appartenaient à la même classe sociale ; chacun avait à l'origine des chances de devenir lui-même maître. La corporation limitait dans ce but le nombre des apprentis et des compagnons admis. Mais même lorsque plus tard ce ne fut plus possible partout, la différence sociale entre maître et compagnon n'en resta pas moins très vague ; et encore aujourd'hui elle n'est pas de très grande importance là où existe la petite exploitation. Tandis que, dans la grande exploitation, on trouve en face d'un ou de quelques entrepreneurs capitalistes toute une foule d'ouvriers dépourvus de capital qui n'ont aucune chance de parvenir jamais à la situation d'entrepreneur. Le développement de l'entreprise de production rend donc bien plus accusée l'opposition sociale et ce phénomène est devenu depuis le milieu du xix° siècle le problème central des économies nationales modernes.

Ces oppositions sociales ont été encore accrues par l'apparition de fausses théories économiques qui, basées sur les vues de la science d'alors, n'ont pu être jusqu'aux derniers temps complètement réfutées. Le socialisme soi-disant scientifique de Marx, de Rodbertus, de Lassalle enseigna que les produits appartenaient aux ouvriers qui les produisaient, que le gain des entrepreneurs était fondé sur l'exploitation des ouvriers. Cette doctrine, qui a trouvé sa formule la plus nette dans la théorie marxiste de la plus-value, se base sur la théorie de la valeur-travail admise par la science jusqu'en les derniers temps et qu'aujourd'hui encore on n'a pas complètement rejetée, d'après laquelle les biens ont une valeur parce qu'on a dépensé du travail pour les produire. Nous savons aujour-d'hui que l'évaluation est quelque chose de purement subjectif, que des biens, aussi parfaite que soit leur pro-duction, n'acquièrent de valeur et ne sont cotés à un cer-tain prix que tant qu'ils correspondent aux besoins de con-sommateurs en mesure de les payer. Les ouvriers ne pro-duisent donc pas la valeur des biens ; ils ne fournissent d'ailleurs pas de biens, mais seulement des produits. Que ces produits deviennent des biens et qu'ils permet-tent d'obtenir un gain, cela ne dépend pas des ouvriers, mais uniquement de la juste estimation des besoins des consommateurs de la part des entrepreneurs ; aussi les ouvriers n'ont-ils aucun droit au bénéfice que l'entrepre-neur pourra obtenir ; la plus grande chance qu'ils puis-sent avoir, c'est de ne point participer aux risques et d'obtenir à l'avance un salaire fixe. Que dans ces contrats l'ouvrier soit souvent la partie la plus faible, qu'il soit livré à l'entrepreneur, cela est vrai ; mais cela n'est pas nécessairement le cas partout et les ouvriers ont la faculté de fortifier leur puissance vis-à-vis des entrepreneurs par des organisations communes. Lorsque, grâce à leur grand nombre, ils obtiennent le pouvoir politique, cela est, comme nous le voyons aujourd'hui, facilement possible.

Mais il est de fait qu'avec le développement des entreprises la différence des revenus s'accuse davantage. Il y a bien eu de tous temps des riches et des pauvres. Mais tandis qu'autrefois, au moyen âge, la richesse n'avait pour base que la propriété foncière et qu'elle était pour ainsi dire le privilège de la noblesse, le développement du commerce amène aussi une extension du capital mobilier et les progrès de l'entreprise de production enrichissent aussi certains exploitants. Toutefois cette ascension de quelques-uns a moins d'importance que l'évolution de larges couches de la population vers le bas par le fait de la grande exploitation. Le régime des corporations une fois disloqué, il n'est plus possible à chaque compagnon et apprenti de devenir maître. Ainsi apparaît une inégalité sociale qui n'existait pas jusque-là. Le nouveau « tiers état » s'accroît rapidement par le nombre des ouvriers de l'industrie à domicile et par celui des travailleurs de plus en plus nombreux qui, dans les villes et les campagnes, sont occupés dans les nouvelles fabriques. Dans la première moitié du XIXe siècle, ces travailleurs furent très exploités ; il n'y avait pas de législation du travail ; leur situation économique était aussi défavorable qu'on puisse l'imaginer ; leurs droits économiques, et souvent même politiques étaient fort minimes. D'autre part, les riches ne furent plus une caste ayant eu de tout temps le privilège de la richesse ; quiconque possédait un petit capital, pouvait, par le commerce et l'industrie, en particulier aussi par la spéculation, s'enrichir extraordinairement s'il était suffisamment habile. Sans doute cet état de choses lui-même n'a pas empêché certains talents d'organisations, partis de la condition la plus modeste, parfois même de celle du simple ouvrier sans ressources, d'arriver aux plus hautes situations de la vie économique et à la plus grande richesse. Harkort et Egestorff, Krupp et Borsig, Hartmann, Sattler et beaucoup d'autres jusqu'à Kirdorf, Thyssen, Rathenau, Ballin en sont des exemples. Mais, dans l'ensemble, on ne peut pas nier que les situations dirigeantes supposent de plus en plus une instruction coûteuse, qu'une exploitation indépendante a comme condition la possession d'un certain capital et que les inégalités d'instruction et de fortune ont amené des oppositions de classes qui n'existaient pas autrefois. Lorsque les ouvriers demandent, sous ce rapport, plus d'égalité, de meilleures possibilités de s'élever, non seulement leurs revendications sont légitimes, mais elles servent indéniablement le progrès humain et social.

Malheureusement les ouvriers, conduits par des hommes qu'inspirait une science à ses débuts, reposant sur des erreurs fondamentales, se sont abusés en attribuant leur situation économique défavorable presque uniquement à des raisons économiques et en négligeant les raisons sociales et juridiques, non moins importantes. Ils ont demandé une transformation complète de l'ordre économique, la suppression des exploitations privées ou au moins des plus importantes, des entreprises, n'ayant pourtant pour les remplacer que l'idée bien grossière d'une économie d'État collective, d'une répartition de tous les biens par le pouvoir, ne voyant même pas suivant quels principes celle-ci pourrait s'effectuer. Par suite de la conception technique et matérialiste qu'il a eue jusqu'ici de l'économie, le socialisme, dans ses propositions positives, a toujours considéré comme le problème principal celui de savoir qui aurait la disposition des instruments de production, alors que le problème véritable est celui-ci : comment les rendements, c'est-à-dire, avec l'échange, les rendements en argent, seront-ils répartis ? La conception matérialiste de l'économie a empêché de bien voir le principe de répartition de l'ordre économique actuel. La théorie dominante est celle de l' « attribution » qui prétend attribuer à chacun des trois « facteurs de la production », sol, capital et travail, une part du rendement et, dans le socialisme, celle de la « plus-value » et de l' « exploitation » qui, prenant pour base la théorie de l'attribution, considère tout gain du capital comme une plus-value dont sont frustrés les ouvriers, les ouvriers seuls créant les produits et les instruments de production. Les adversaires du socialisme objectent qu'à l'entrepreneur aussi, qui organise la production et assume le risque de l'écoulement des produits, doit revenir une « part du rendement » ; mais leur objection laisse absolument de côté le problème essentiel, car partant de la théorie de l'attribution, ils méconnaissent, au même titre que les socialistes, le véritable principe d'organisation de l'échange actuel. Il ne repose nullement sur une proportionnalité des services réciproques, mais uniquement sur le rapport de l'offre et la demande, c'est-à-dire sur l'établissement du prix. Voilà pourquoi j'ai toujours dit que tous les revenus ne sont que des prix ou des parties de prix, qu'ils s'expliquent par suite uniquement par l'établissement du prix sans aucune considération de justice ou d'attribution. L'idée que tout revenu doit être une rétribution proportionnelle du service rendu, fait certainement honneur au sens de justice de ses protagonistes, mais elle est irréalisable, car l'estimation, aussi bien de l'effort qu'a coûté le service rendu, que de l'utilité qu'en retire le bénéficiaire varie d'individu à individu ; il n'y a pas de mesure commune de comparaison. Aussi je considère la rémunération suivant les heures de travail fournies comme l'idée la plus grossière d'économie socialiste qu'on puisse imaginer.

La vie économique actuelle est organisée suivant un principe tout différent, le « principe de rareté » peut-on dire. Le chanteur, le peintre, l'avocat, le médecin célèbres, les hauts fonctionnaires, les directeurs, etc., reçoivent un salaire ou un traitement élevés non pas parce que leur effort est considérable, la rémunération n'est nullement proportionnelle à leur effort, mais parce que le service qu'ils rendent est de qualité rare. L'ouvrier ordinaire, même s'il effectue un « lourd » travail, est médiocrement payé, parce qu'il y a un grand nombre de gens à même de faire ce travail. On ne peut pas dire que ce « principe de répartition » est injuste. C'est un principe de répartition social, c'est-à-dire qui tient compte de l'ensemble de l'offre et de l'ensemble de la demande des biens et des services. Il ne tient certainement pas compte de l'estimation donnée par chaque individu à son travail et aux biens et services reçus, car c'est précisément impossible (1). La satisfaction des besoins ne s'effectue pas, dans la situation de l'échange actuel, par une organisa-

---

(1) Il est certain que tous les prix doivent malgré tout se ramener à des estimations subjectives ; mais il n'est pas possible, comme on le croyait jusqu'ici, d'accorder le prix avec les estimations subjectives de *chaque* acheteur (ou vendeur). La solution, la seule théorie qui explique la connexion de tous les prix, est donnée par mes « Grundsätze », t. II.

tion de production et de répartition régie par le pouvoir,
suivant l'idéal du socialisme, mais par le fait que chaque
homme dans son activité d'acquisition tend au plus grand
rendement en argent. Suivant ses aptitudes et ses capacités, chacun se tourne vers la branche d'acquisition où
on peut encore obtenir les rendements les plus élevés,
c'est-à-dire où les besoins les plus forts ne sont pas encore
satisfaits. Le fait que certains services sont payés très cher
tient à ce que peu de gens sont à même de les rendre.
L'homme qui chante sans effort l'ut majeur ou l'acteur
particulièrement doué sont bien payés parce que d'une
part beaucoup de gens veulent voir ou entendre cela et
que, d'autre part, peu de gens sont capables de faire la
même chose. On ne peut pas dire que ce principe d'organisation soit injuste ; en tout cas, on n'en a pas trouvé
de meilleur jusqu'ici.

Les injustices résident dans un tout autre domaine, non
point dans le domaine économique, dans le principe de
répartition, mais dans une disposition juridique qu'il
n'implique pas nécessairement, dans le droit d'hériter.
La transmission de la propriété par héritage permet d'une
part à l'héritier de se procurer une instruction supérieure,
qui est souvent la condition d'une situation bien payée,
elle lui donne d'autre part la disposition d'instruments
de production que d'autres, moins favorisés, sont d'abord
obligés d'acquérir par le travail. Tandis que l'inégalité
de la richesse acquise par les individus eux-mêmes est
inévitable et qu'elle reparaîtrait demain si on faisait
aujourd'hu une répartition absolument égale, les inégalités, et en particulier les fortes inégalités, qui résultent
de la transmission par héritage sont certainement injus-
tifiables au point de vue économique. C'est pourquoi un

impôt fortement progressif sur les héritages est sans aucun doute le plus juste de tous les impôts et son insuffisance sous le régime politique antérieur a été la critique la plus légitime parmi les attaques de la classe ouvrière contre l'ordre économique et juridique établi.

En effet, le fils de l'ouvrier n'a le plus souvent, faute de fortune, pas d'autre perspective que celle de devenir lui aussi ouvrier et ainsi se renforce la conscience de classe vis-à-vis de tous les autres possédants, les « capitalistes ». Aussi les ouvriers ont-ils avec raison fait effort, depuis longtemps, et spécialement depuis la Révolution, pour améliorer leurs possibilités d'instruction, et leurs éléments clairvoyants se rendent compte que la question ouvrière est aujourd'hui bien plus un problème d'instruction et d'égalité sociale, de suppression des différences de classes, ce qui est chez nous, il est vrai, étroitement rattaché à l'instruction, qu'une question de réforme et de transformation de l'ordre économique. En effet, les trop grandes différences entre les revenus et les fortunes peuvent être atténuées par une forte imposition, — à cet égard l'ancien régime chez nous, et davantage encore dans d'autres pays, est coupable de beaucoup d'omissions —, sans qu'un bouleversement économique complet soit nécessaire. Car, comme l'expérience le montre, les ouvriers peuvent, même avec l'ordre économique actuel, en se groupant en syndicats, etc., et en particulier s'ils profitent de leur grand nombre pour obtenir, dans les États qui ont le suffrage universel, le pouvoir politique, fort bien sauvegarder leurs intérêts économiques et probablement mieux que s'ils évinçaient complètement les « capitalistes » et leurs bénéfices. Nous reviendrons sur ce sujet, car il faut que les ouvriers se rendent bien compte de ceci : leur objectif est absolument le même que celui des possesseurs du capital, l'obtention du rendement en argent le plus élevé possible, et, cet objectif, ils le poursuivent avec tout autant d'âpreté. S'ils réussissent, par des groupements de monopole, les syndicats, par des grèves, etc., à retenir l'offre de leurs services, ils peuvent, tout aussi bien que les entrepreneurs, obtenir des bénéfices de monopole. Il est vrai que cela leur sera d'autant plus difficile, qu'il s'agira moins d'ouvriers *qualifiés* et que les possibilités de concurrence seront par suite plus nombreuses. Ce qu'on appelle la « libre concurrence », le principe suivant lequel chacun, conformément à la tendance générale vers le gain, se tourne pour offrir ses services du côté où il croit pouvoir obtenir les rendements les plus élevés, ce principe ne vaut pas seulement pour les entrepreneurs, mais encore pour les ouvriers, en général. Il est le principe d'organisation de l'économie actuelle, et les groupements de monopole non seulement ne l'évincent pas, comme certains, méconnaissant complètement l'organisation économique actuelle, le croient, mais lui donnent au contraire encore davantage l'occas'on de se faire valoir.

Il n'y a pas aujourd'hui d'autre régulateur de l'offre des produits et des services que la tendance de chacun vers le gain. Si une branche industrielle a vu affluer vers elle plus de travailleurs qu'elle n'en a besoin, la concurrence fait baisser le salaire ; s'il y a dans l'industrie voisine une plus grande demande de travailleurs, le salaire y augmente et ainsi seulement on arrive à la répartition la plus rationnelle possible des forces de travail. A toutes les activités d'échange dans la situation de la libre concurrence, aussi bien pour la vente des marchandises que pour le travail, on peut donc appliquer une loi d'équilibre des rendements, mais le rendement limite moyen, qui permet encore une dépense, est fixé de différentes façons selon qu'il s'agit de dépenses de capital ou de dépenses de travail. La « loi d'airain » d'après laquelle le salaire tend toujours à se rapprocher du minimum d'existence, les ouvriers en surnombre finissant par péricliter en cas de surabondance de forces de travail dans une branche industrielle et la population ouvrière ne faisant que se multiplier avec plus de rapidité au cas d'une demande plus considérable et de salaires plus élevés et les salaires retombant ainsi de nouveau au niveau du minimum d'existence, cette loi est la représentation spécifiquement socialiste des facteurs qui régissent les salaires ouvriers dans l'organisation économique sur le mode de l'entreprise. Mais elle n'indique que la limite inférieure extrême du salaire, mais non pas le prix véritable du travail. Ce prix, comme tous les prix, n'est pas déterminé avec la libre concurrence par le coût de la production ou de la reproduction, mais par le rendement limite. C'est, dans les dépenses de capital, le taux usuel de l'intérêt, dans les dépenses de travail le standart of life moyen de la classe ouvrière en question. Or il se peut que celui-ci dépasse souvent le minimum d'existence.

L'inconvénient de toute cette organisation de l'affluence des travailleurs vers les différentes branches industrielles, qui est elle aussi une sorte de régulateur automatique, réside, comme on peut facilement s'en rendre compte surtout dans le fait que l'ouvrier, après s'être voué à une certaine profession, ne peut que très difficilement la quitter pour une autre, lorsque la demande de forces de travail subit un changement. La compensation ne peut donc s'effectuer surtout que par les jeunes ouvriers qui choisissent un métier, de même que chez les entrepreneurs il n'y a que le nouveau capital à employer qui puisse chercher les placements les plus favorables et provoquer par là l'équilibre des rendements, tandis que l'ancien est le plus souvent engagé et ne peut, au moins en ce qui concerne la production, que difficilement se dégager. A cet égard, les ouvriers qualifiés ne sont pas mieux placés que les entrepreneurs de production qui travaillent avec un capital considérable.

L'inconvénient de la liberté industrielle, parfaite en principe, l'afflux vers les différentes activités d'acquisition étant déterminé aussi bien du côté des entrepreneurs que des ouvriers principalement par les perspectives de gains offertes à chacun, cet inconvénient se fait sentir d'autant plus que les fluctuations de la conjoncture et par suite l'insécurité de la vie économique sont plus considérables. Autrefois, c'étaient principalement les variations des récoltes et les conditions politiques qui provoquaient des fluctuations considérables dans la vie économique, autrement dit des crises ; au cours de la dernière génération d'avant-guerre, ce furent principalement les bouleversements techniques qui ont transformé complètement certaines industries. Mais on a vu se manifester aussi, et précisément en Allemagne, une tendance à atténuer autant que possible les effets des fluctuations de la conjoncture. Pour les entrepreneurs, ce sont principalement les cartels ainsi que la formation de grandes entreprises d'intégration qui ont agi dans ce sens ; pour les ouvriers, il s'agissait principalement du remplacement du travail à la main par la machine et en cela, par exemple lors de l'introduction de la machine à composer et de la machine à bouteilles d'Owen, on a tenu compte des intérêts des ouvriers. On avait donc en Allemagne, pendant les dernières dix années qui ont précédé la guerre, une assez grande régularité de la vie économique. Mais, depuis, étant donnée la situation politique et économique actuelle de l'Allemagne et par le fait de la dévalorisation énorme de l'argent, tout le système antérieur des prix a été bouleversé ; l'activité économique des entrepreneurs est devenue un jeu de hasard et les ouvriers ne sont pas moins éprouvés par l'insécurité de leur revenu et de leur travail.

5. Entreprises individuelles et entreprises sociétaires

La séparation complète de l'économie familiale et de l'économie d'acquisition est particulièrement manifeste dans les entreprises qui ne sont pas la propriété d'un seul mais de plusieurs entrepreneurs. Une entreprise peut naturellement appartenir à une ou plusieurs personnes et on distingue les entreprises individuelles et les entreprises sociétaires. Il est facile de voir l'importance économique de cette distinction. Un seul entrepreneur a pour lui tout le bénéfice et il subit aussi la totalité du risque ; lorsqu'il y a plusieurs entrepreneurs, les deux sont divisés. L'entrepreneur unique doit se procurer seul tout le capital ; dans des entreprises sociétaires, plusieurs personnes se partagent cette tâche.

Sans doute l'entrepreneur unique peut aujourd'hui compléter son capital en faisant appel au crédit, et c'est ce qui a lieu dans toutes les formes d'entreprise sur la plus large échelle, mais il faut considérer que le crédit s'obtient plus facilement lorsque plusieurs entrepreneurs apportent leur garantie. L'entrepreneur unique a aussi toute la responsabilité de son entreprise ; son échec peut être pour lui la perte de son capital et de sa situation économique et sociale ; il y a de quoi l'inciter à la plus grande tension de ses facultés.

L'intérêt égoïste ne sera jamais si puissant que dans l'entreprise individuelle. Mais il n'y a pas seulement son propre succès économique qui dépende de lui, de ses facultés, de ses connaissances, de son labeur. Toute entreprise emploie des forces de travail étrangères et en partie du capital étranger. Et, bien qu'aujourd'hui nous ayons le libre contrat de travail et que les charges du patron en dehors du salaire, par exemple en ce qui concerne la sécurité et l'hygiène de l'exploitation, aient été déterminées assez nettement par la loi, il n'en reste pas moins une certaine responsabilité sociale vis-à-vis des ouvriers. L'appel au crédit n'est pas non plus aujourd'hui autre chose qu'une affaire, et celui qui consent le crédit a à veiller lui-même à la sécurité de ses avances. Mais il n'en est pas moins vrai que la responsabilité n'est pas purement légale et que l'opinion publique tient compte, particulièrement en Allemagne, des obligations sociales qui incombent à l'entrepreneur en plus des exigences légales.

L'importance du capital nécessaire et la grande responsabilité ont pour conséquence que des entreprises très étendues sont créées le plus souvent sous la forme sociétaire. Il n'y a que des entrepreneurs particulièrement vigoureux, des talents organisateurs remarquables qui puissent mettre sur pied une grande entreprise sous leur propre responsabilité ; et même ces entreprises se transforment d'une façon ou d'une autre en entreprises sociétaires, le plus souvent après la mort de leur fondateur.

L'entreprise individuelle trouve naturellement sa place là où il s'agit moins de l'acquisition d'un gros capital que de la faculté de décision rapide de l'entrepreneur. C'est pourquoi elle est particulièrement répandue dans le commerce. Comparativement à l'industrie, le capital nécessaire est beaucoup moins important, car il s'agit le plus souvent d'un capital circulant et le crédit à courte échéance qui est nécessaire pour compléter le capital de l'entrepreneur peut être obtenu plus facilement. Mais, à mesure que l'entreprise grandit, nous voyons apparaître, dans le commerce aussi, la forme sociétaire, souvent parce que la direction ne peut être assumée par un seul individu.

Lorsqu'une entreprise a plusieurs propriétaires, c'est l'affaire de l'organisation juridique de régler leurs rapports réciproques, leurs droits aux bénéfices, le partage des pertes et aussi surtout les relations juridiques avec l'extérieur, le droit de chacun à conclure des contrats, la garantie vis-à-vis des créanciers, etc. Le droit allemand moderne a permis la formation de « sociétés commerciales » : sociétés commerciales ouvertes, sociétés en commandite, sociétés par actions, ainsi que les formes intermédiaires. Une loi spéciale régit les sociétés à garantie limitée. L'ancien droit allemand admet encore des syndicats d'exploitation pour les mines. Il faut mentionner encore les sociétés coloniales, auxquelles le chancelier imposa le contrôle de l'État en compensation de différentes facilités d'organisation.

Dans le chapitre suivant nous étudierons plus à fond la formation et l'organisation juridique de ces sociétés commerciales. Donnons ici encore quelques indications concernant les entreprises individuelles et sociétaires.

En 1907, il y avait, dans l'Empire allemand, 1.674.131 exploitations industrielles appartenant à un seul propriétaire et occupant 7.523.707 personnes. Il faut y ajouter 1.451.701 exploitations à une seule personne, ce qui nous donne au total 3.125.832 exploitations industrielles, occupant 8.975.408 personnes et qui appartiennent à un seul propriétaire (qui n'est pas toujours, il est vrai, un entrepreneur dans le sens que nous avons donné à ce mot) ; cela fait en tout 95 1/3 % de toutes les exploitations industrielles et 92 % de toutes les exploitations occupant des ouvriers. Les petites exploitations l'emportent donc considérablement sur les grandes, même en ce qui concerne le nombre des individus occupés. En face de cela, 82.370 exploitations industrielles occupant 2.151.248 personnes appartenaient à plusieurs associés ; 10.172 exploitations avec 1.807.231 personnes appartenaient à des sociétés par actions et en commandite ; 11.001 exploitations avec 534.328 personnes à des sociétés à garantie limitée ; 510 exploitations avec 229.993 personnes à des sociétés ouvrières ; 1.636 exploitations avec 129.907 personnes à des sociétés en commandite ; 8.122 exploitations avec 47.809 personnes à des coopératives ; 5.109 exploitations avec 30.116 personnes à des associations ; et le reste, c'est-à-dire 469 exploitations avec 9.214 personnes, à d'autres entreprises privées.

On obtiendrait, il est vrai, des chiffres tout à fait différents, s'il était possible de comparer les capitaux engagés dans ces entreprises ou la quantité de leurs produits. Les entreprises sociétaires ont une importance beaucoup plus grande dans d'autres pays qu'en Allemagne, principalement aux États-Unis. En Belgique, en 1906, la moitié des ouvriers industriels travaillaient dans des sociétés par actions. En Amérique, ce sont les 70 %, tandis qu'en Allemagne, les sociétés par actions, les syndicats miniers et les sociétés à garantie limitée n'occupent que 12 1/2 % des ouvriers industriels.

On a jusqu'à aujourd'hui considéré ces « sociétés commerciales », même dans l'économie nationale, presque exclusivement au point de vue juridique ; on en a en particulier exposé les formes, les organes, les rapports juridiques internes et extérieurs. Je voudrais au contraire essayer de considérer les entreprises sociétaires — on voit que nous évitons l'expression de sociétés commerciales, car ces entreprises ne sont pas spéciales au commerce — surtout du point de vue économique. Or, ici, la différence que fait la loi entre leurs différentes formes a une très minime importance. Car ce qui importe au point de vue économique, ce n'est pas la distinction juridique entre sociétés commerciales ouvertes et sociétés en commandite, ou bien entre sociétés en commandite et sociétés par actions. Ce qui importe surtout au point de vue économique, je voudrais le formuler d'une façon lapidaire de la manière suivante : qu'une entreprise n'ait qu'un propriétaire ou qu'elle en ait deux, trois, quatre et que par suite, dans ce dernier cas, elle soit organisée sous une des formes sociétaires, cela est sans intérêt au point de vue économique ; mais ce qui est d'une importance économique énorme, c'est qu'il y ait aujourd'hui des entreprises qui aient des centaines et des milliers de propriétaires, quelle que soit la forme juridique de leur organisation.

Qu'est-ce qui fait la si grande importance économique de ce phénomène ? Voici la réponse : dans les entreprises qui ont des centaines et des milliers de propriétaires, il faut nécessairement que la propriété et la direction de l'entreprise soient séparées. Les propriétaires sont les entrepreneurs qui apportent le capital et qui par suite subissent le risque. Mais l'entreprise ne peut pas avoir des centaines et des milliers de directeurs. Une séparation entre la propriété et la direction de l'entreprise est donc absolument nécessaire et cela est, au point de vue économique, de la plus haute importance. Voilà pourquoi, au point de vue économique, une entreprise avec un petit nombre de propriétaires qui, juridiquement, doit être organisée sous forme d'entreprise sociétaire, le plus souvent sous forme de société commerciale ouverte, ne diffère pas essentiellement de l'entreprise individuelle. Mais, là où la propriété et la direction de l'entreprise sont distinctes, un nombre de personnes aussi grand que l'on voudra peut par un simple apport de capital contribuer à l'organisation de grandes entreprises. Il faut s'attendre à ce qu'elles offrent leur capital aussitôt qu'on peut leur assurer des bénéfices élevés. Les plus grandes entreprises peuvent donc s'édifier de cette façon et les entreprises sociétaires qui permettent le mieux cet apport de capital, les sociétés par actions, doivent par suite leur développement, leur extension actuelle énorme au fait que les progrès techniques, par exemple pour les constructions de chemins de fer — rendent nécessaire la mise en contribution des capitaux les plus considérables.

Il résulte de ce qui vient d'être dit que nous remplacerons la division juridique des sociétés commerciales par la division suivante inspirée par le point de vue économique : sociétés personnelles et sociétés capitalistes. Les sociétés personnelles, dont le type juridique le plus répandu est la société commerciale ouverte, se rapproche le plus, économiquement, de l'entreprise individuelle. Il s'agit de la coopération de quelques personnes peu nombreuses sous une forme juridique quelconque. Elle leur permet de mettre en commun leur travail et leur capital. Une forme très commune aujourd'hui dans les entreprises de production est l'association d'un commerçant et d'un technicien, c'est-à-dire une division du travail tout à fait naturelle dans la direction de l'entreprise et qui demande une forme juridique particulière. Mais il existe aussi d'autres cas de division du travail entre les propriétaires d'une société personnelle. La coopération des forces de travail est, dans la plupart des cas, plus importante que la coopération du capital, qui peut avoir lieu aussi par la voie du crédit.

Il en est tout autrement des sociétés capitalistes, dont le type juridique le plus répandu est la société par actions. Là, la personne des entrepreneurs se trouve reléguée tout à fait à l'arrière-plan ; l'important n'est pas la collaboration des forces de travail, mais les mises de capital semblent avoir une activité indépendante et se trouvent complètement séparées de la fortune de leur propriétaire. C'est ce que l'on a désigné par le terme de capitalisme impersonnel. Mais il ne faut pas donner à ce mot le sens que lui a prêté le socialisme et qu'on lui donne généralement, comme si le grand capital avait par lui-même une activité réelle. Au contraire, il faut, ici aussi, des personnes dirigeantes pour organiser l'ensemble. Le fait que l'on a méconnu le rôle important de la direction a induit à faire des ouvriers des entrepreneurs au moyen des sociétés coopératives de production, dont nous parlerons encore au chapitre des sociétés coopératives. On a cru qu'il suflisait de mettre le capital dans la main des ouvriers pour leur donner la faculté de diriger eux-mêmes de grandes entreprises. Mais, il est remarquable que, dans ces sociétés capitalistes, les directeurs ne sont pas nécessairement des entrepreneurs intéressés dans la société par des placements de capital ; ils peuvent être aussi des employés. Cette séparation entre la propriété de l'entreprise et la direction de l'entreprise est tout à fait caractéristique.

Parce que, justement, la grande majorité des actionnaires ne collabore pas à la direction de l'entreprise, mais ne fait qu'apporter son capital, s'occupant souvent fort peu des affaires de la société, on s'est demandé quel était véritablement l'entrepreneur dans les sociétés par actions. Et beaucoup regardent la direction de l'entreprise comme la chose principale. Les entrepreneurs seraient alors les directeurs. Mais c'est une conception tout à fait antiéconomique. Il s'ensuivrait par exemple que le ministre des chemins de fer serait l'entrepreneur et non pas l'État, au compte et aux risques duquel les chemins de fer sont construits et fonctionnent. Au contraire, dans la société capitaliste, c'est aussi celui qui supporte les frais et les risques qui est l'entrepreneur, c'est-à-dire l'actionnaire. Mais ce sont surtout naturellement les premiers actionnaires, les fondateurs, ceux qui ont donné l'impulsion à l'entreprise, puis ensuite viennent ceux qui ont acquis des parts dans l'entreprise. Car bien que l'actionnaire pris isolément n'ait souvent pas la moindre conscience de sa situation d'entrepreneur, il n'en permet pas moins par l'acquisition d'actions la fondation et le développement de l'entreprise. Si personne ne voulait acquérir des actions, l'entreprise ne pourrait naître, ou bien elle devrait finalement cesser de subsister. L'entrepreneur n'est donc autre chose que l'ensemble des actionnaires à un moment donné, qui manifestent par leur contribution au capital leur volonté d'exploiter l'entreprise dont ils sont d'ailleurs les propriétaires.

Bien que, comme le montrent les chiffres donnés plus haut, les entreprises individuelles dominent en Allemagne de beaucoup non seulement par le nombre, mais encore par les personnes employées, les entreprises sociétaires, en particulier les sociétés capitalistes sont pour toute la structure de l'économie nationale actuelle d'une telle importance que nous aurons à étudier de près dans le deuxième chapitre.

6. LA TRANSFORMATION DE L'ÉCHANGE PAR L'ENTREPRISE

Nous avons vu jusqu'ici comment, par le développement de l'entreprise moderne en opposition à la situation de l'industrie médiévale, l'organisation intérieure de l'économie privée a été radicalement modifiée, comment en un mot, dans l'état de la satisfaction actuelle des besoins par le mode de l'entreprise, les activités d'acquisition étroitement unies à l'économie familiale qui étaient la cellule de l'organisation économique, ont été remplacées par des économies d'acquisition indépendantes, d'une nature toute différente. Il nous reste maintenant à montrer comment les organisations d'échange elles-mêmes, c'est-à-dire, les relations entre les diverses économies d'acquisition et les diverses économies familiales se sont modifiées avec le développement des entreprises modernes. Ces modifications économiques ont été, beaucoup plus que des transformations survenues à l'intérieur de chaque économie, l'objet d'études scientifiques. Elles servent généralement de base à l'édification de ce que l'on appelle les « degrés de l'économie ».

L'échange au moyen âge était réglé dans la plus large mesure par l'autorité, qui fixait les prix, surveillait les marchandises et décernait des brevets de maître et de compagnon, etc. Sans doute, il y a déjà eu de très bonne heure des industries qui s'exerçaient en dehors de la corporation, telles que le travail des mines et l'industrie métallurgique, qui de tout temps ont été pratiqués dans des exploitations relativement considérables. Mais partout l'autorité réglait l'accès de l'industrie, partout il fallait une concession spéciale et, dans un très grand nombre d'industries, l'étendue de l'exploitation et les limites de la production étaient exactement fixés. Comme les choses ont changé ! Aujourd'hui, tout entrepreneur s'adonne tout à fait librement et spontanément à une branche industrielle ; il est exclusivement déterminé par l'espoir du gain. L'ancienne dépendance a été remplacée par une liberté industrielle complète. Personne ne se préoccupe de savoir si chacune des branches industrielles reçoit le nombre d'entrepreneurs et d'ouvriers que nécessite l'accroissement des besoins, personne ne règle plus l'accès des différentes industries ; il n'y a que la tendance au plus grand gain possible qui fasse que de nouvelles entreprises se fondent partout où les entrepreneurs croient pouvoir réaliser un gain au-dessus de la moyenne. Aussi voyons-nous le capital affluer immédiatement vers la branche industrielle qui prospère plus que les autres et donner le jour à de nouvelles entreprises. Ce qui caractérise donc le mode actuel de la satisfaction des besoins par l'entreprise, c'est l'absence d'une volonté supérieure qui régisse l'ensemble. Mais les diverses économies se comportent comme si elles étaient régies par une volonté unique ; car elles sont dominées par une tendance unique, la tendance au plus grand bénéfice possible. Cette tendance est donc un régulateur automatique de l'économie nationale moderne. Ce n'est pas tant la libre concurrence que la libre tendance au plus grand gain possible qui garantit l'adaptation de la production aux besoins. Arrive-t-on ainsi par l'échange à une satisfaction des besoins la plus parfaite qu'on puisse imaginer ? C'est là le problème économique central qui se pose aujourd'hui. Les socialistes répondent non, et ils invoquent de très bonnes raisons que nous allons examiner.

Il est d'abord manifeste que cette organisation en apparence si excellente et qui s'exerce automatiquement, entraîne un grand risque pour les entrepreneurs. Nous trouvons de nouveau, en partant du principe économique, le risque de capital comme principe constitutif de l'entreprise. Chaque entrepreneur peut facilement se tromper sur les besoins des consommateurs et la proportion dans laquelle ils ne sont pas encore satisfaits. Il ne sait souvent pas si d'autres entrepreneurs ne peuvent pas produire mieux ou à meilleur compte. Ou bien les besoins se modifient, on trouve de nouveaux moyens de les satisfaire et des branches entières d'entreprise peuvent ainsi péricliter. Ou bien avec les énormes progrès de la technique moderne, on voit apparaître de nouvelles méthodes de production et des millions engagés dans les vieilles organisations et installations peuvent se trouver perdus. Comme exemple connu on peut citer la substitution à l'ancien procédé de la préparation de la soude d'après Leblanc, du procédé plus perfectionné de Solvay et le remplacement de l'indigo naturel par l'indigo artificiel. On a appelé le mode de satisfaction des besoins par l'entreprise où chacun édifie et conduit son exploitation isolément, à son propre risque en concurrence avec les autres, où il doit s'attendre à tout instant à être évincé par un nouvel entrepreneur, l'état anarchique de la production. Les crises de la production sont une conséquence de cet état, de l'absence d'une volonté unique qui organise la production et l'adapte aux besoins.

Plus la satisfaction des besoins devenait compliquée, plus les entreprises se spécialisèrent, plus l'union et la dépendance de toutes les économies nationales entre elles devint étroite ; puis il devint difficile pour l'entrepreneur pris isolément d'apercevoir à longue distance les conditions de succès de son entreprise. Il s'ensuit que des quantités énormes de capital peuvent manquer leur but. Combien de marchandises, surtout dans les industries de la mode, ne trouvent pas d'écoulement ! Combien d'aliments se trouvent perdus, parce que le producteur ou le commerçant s'est trompé sur la demande du moment !

Voilà le mauvais rendement de l'organisation économique actuelle, que dénoncent avec tant d'âpreté les socialistes. Mais, même en admettant qu'avec l' « économie collective », avec la réglementation de toute production par l'autorité, on arrive à produire autant, y aurait-il moins de pertes en ce qui concerne la conservation et la répartition des produits qu'avec le régime actuel ? Nous admettons même encore que tout le monde se soumette de bonne volonté aux principes de répartition qui seraient édictés. Les expériences de l'économie du temps de guerre sont très instructives et elles ne devraient pas être perdues.

Peut-être viendra-t-il un temps où on ne réalisera plus de progrès techniques bouleversant des branches entières de production et où, les besoins ayant été largement uniformisés par l'autorité, une répartition des produits par celle-ci sera possible sans trop de pertes, — en admettant toujours qu'on trouve pour cela des principes véritablement justes et reconnus comme tels par tout le monde. Mais jusqu'ici la tendance de chaque individu au gain sous le régime de la libre concurrence a certainement assuré une satisfaction des besoins plus parfaite que n'auraient pu le faire l'entreprise publique et même l'entreprise privée sous forme de monopole.

D'innombrables objets de consommation qui autrefois étaient inconnus ou que quelques-uns seulement pouvaient se procurer sont par elle devenues le bien commun. Presque tous les objets ont diminué considérablement de prix par suite de la production en masse. On ne peut se représenter l'avantage qui en est résulté pour le progrès de la civilisation. Par suite de la richesse en capital des économies nationales développées, le capital qui cherche un placement avantageux se précipite sur chaque besoin nouveau et pourvoit à sa satisfaction. C'est la caractéristique de la satisfaction du besoin par l'entreprise qu'elle crée en quelque sorte de nouveaux besoins. Chaque entrepreneur essaie d'éclipser les autres en apportant de nouvelles marchandises et de nouveaux modèles sur le marché. Mais on peut dire qu'aujourd'hui on tombe souvent dans l'exagération. Chaque nouvelle idée qui a trouvé de la vogue, est aussitôt tuée par une concurrence exagérée. Cela s'étend même à l'art. Tout style nouveau, chaque tendance nouvelle du goût devient en peu de temps si répandue par la fabrication en masse et par la concurrence que le public en est bientôt rassasié et cherche autre chose. Chaque changement de mode cause des révolutions colossales. Des industries entières s'édifient sur un caprice de la mode, comme les Teddy-bears et les chapeaux Chantecler, etc. Chaque jour on veut offrir quelque chose de nouveau ; les cartes postales illustrées, l'industrie cinématographique révèlent de façon typique cette inquiétude de l'activité d'acquisition moderne. Qu'une nouvelle entreprise prospère quelque part et le capital afflue immédiatement pour en édifier une autre qui lui fasse concurrence. En Allemagne, cela se manifeste surtout à Berlin par la création continuelle de nouveaux théâtres, de restaurants, d'hôtels modernes, de palais de glace. La concurrence s'étend même aux choses les plus superficielles. Après le succès à Londres de l'hôtel Carlton, qui passe pour le plus distingué de la capitale anglaise, il n'y a pas de grande ville qui n'ait eu son Carlton-Hôtel. Autrefois c'était le Savoy-Hôtel ou Bristol-Hôtel. Partout il y a des Luna-Park, des Maxim, des Trocadéro, etc.

Si, d'un côté, le capital s'élance dans une course folle vers des entreprises rémunératrices, il arrive, d'autre part, que des découvertes appelées à révolutionner le monde sont dédaignées et ne trouvent pas d'entrepreneurs. C'est ce qui est arrivé pour les brevets des becs à incandescence, l'invention moderne aujourd'hui universellement répandue, pour lesquels l'inventeur ne pouvait trouver d'acquéreur. Toutes les grandes banques refusèrent ; il s'en trouva finalement une petite pour prêter des fonds à la Société Auer.

Mais, d'autre part, l'introduction de progrès techniques peut être aussi trop rapide, leur emploi étant sans doute rémunérateur mais enlevant leur valeur à toutes les installations de production déjà existantes. Un nouveau procédé de production à meilleur compte donne à l'entrepreneur qui l'emploie le premier, des bénéfices très élevés, mais il provoque aussi l'investissement de capitaux considérables. Comme les anciennes installations n'abandonnent pas immédiatement la production, on en arrive à une surproduction et, ce qui est plus grave, à une surcapitalisation ; on a investi dans l'industrie afférente plus de capitaux qu'il n'en faut en proportion des besoins à satisfaire. L'intérêt particulier et l'intérêt de l'économie nationale à une juste répartition du capital entrent en conflit. Il y a là une des causes très importantes des crises. Il en résulte en tout cas que la tendance de chaque individu au gain ne fonctionne nullement de façon idéale comme principe d'organisation de l'échange, et qu'elle n'y arriverait même pas si une fiscalité plus sociale empêchait, plus que jusqu'ici, la formation de différences par trop grandes de revenus et de fortunes. Or on n'a, à cet égard, que très peu fait pendant la guerre et on ne fait pas encore assez, parce que les bénéfices de monopole réalisés par l'agriculture et par certaines branches industrielles, les gains des spéculateurs et des mercantis dans nombre de branches commerciales sont difficiles à atteindre. Aussi les attaques des ouvriers contre le « capitalisme » ont-elles une très large part de légitimité, qu'on reconnaîtrait encore davantage si elles ne s'étayaient pas de façon si fausse sur le marxisme et si les propositions positives apportées par les socialistes n'étaient si imprécises et si pauvres.

Par le fait que des valeurs se chiffrant par milliards ont été gaspillées pendant la guerre et par le fait du fléchissement intervenu depuis dans le rendement de la production, le rapport en l'offre et la demande est certainement devenu bien plus favorable, surtout pour ceux qui offrent des biens de première nécessité et qui ont, en particulier les producteurs de matières premières, pour ainsi dire des situations de monopole. Mais cela renforce encore l'inégalité des revenus et par suite les oppositions sociales. Les ouvriers eux-mêmes en arrivent à se trouver dans des situations très différentes et le fléchissement du rendement du travail, joint à la rareté générale des produits, fait que, même lorsque grâce à leur organisation ils parviennent à obtenir des salaires de plus en plus élevés, ils n'en sont finalement pas davantage à même de mieux satisfaire leurs besoins. Certaines catégories d'ouvriers y réussiront peut-être, d'autres non ; ainsi s'accentueront en tout cas les inégalités dans la classe ouvrière elle-même qui déjà aujourd'hui n'est nullement homogène. Après comme avant, quelques classes de la population s'enrichiront aux dépens des autres. Avec la socialisation partielle, cela ne fera qu'apparaître davantage. Quant à savoir si la socialisation intégrale contentera, elle, tout le monde, cela paraît plus que douteux. Il est probable qu'elle ne fera que rendre infiniment plus aiguës les luttes pour le pouvoir politique, dont dépend la situation économique de tous. Des conditions économiques plus régulières ne seront guère amenées par une répartition de la production venant de l'autorité, mais seulement par l'arrêt du progrès technique. C'est celui-ci, et non pas la tendance de chaque individu au gain, laquelle n'a besoin que d'être gardée des excès, qui a été la cause principale des fluctuations de la conjoncture et de la situation anarchique de la production. On constate d'ailleurs, même dans l'organisation économique actuelle, déjà un certain nombre d'efforts et de commencements de réalisations en vue d'obtenir une plus grande régularité de la vie économique, et on ne peut nullement dire que l'ordre économique actuel, basé sur la régularisation automatique, n'ait rien fait par lui-même pour dépasser la situation anarchique de la production. Mais, après la guerre, au moins dans les pays qui ont succombé, la dépréciation de l'argent et les charges énormes du traité de paix ont ébranlé les bases de tout échange ordonné, qui sont un régime stable des prix, à tel point que la vie économique est caractérisée aujourd'hui par la plus grande incertitude. Dans des temps pareils, le commerce, la spéculation et le mercantisme réalisent les bénéfices les plus élevés et il est très difficile de lutter contre. Le remplacement des entreprises privées par l' « économie collective » est-il le seul recours possible ? C'est ce que nous étudierons dans le dernier chapitre de ce livre.

7. Les nouvelles tendances d'évolution de l'entreprise

Nous allons pour l'instant jeter encore un rapide coup d'œil sur les efforts déjà signalés par lesquels on essaie de sortir des conséquences néfastes de la concurrence, de l'éparpillement des forces et de la situation « anarchique » de la production. C'est, principalement, par les « groupements de monopole » que toutes les personnes impliquées dans l'échange s'efforcent d'exclure la concurrence entre elles et d'obtenir des conditions plus favorables pour leur branche d'acquisition. Ces associations tendant à établir un monopole, parmi lesquelles les plus importantes sont les cartels d'entrepreneurs et les syndicats de travailleurs, ont pour but immédiat d'obtenir pour leurs membres des conditions plus favorables auprès des acquéreurs. Mais, de plus, par la coopération d'une grande partie des membres d'une industrie et la suppression de leur isolement antérieur, elles tendent à obtenir une adaptation générale plus parfaite de l'offre à la demande. Pour ce qui est des entreprises, elles ont souvent pour conséquence une diminution considérable du risque du capital et elles ont par là la plus grande importance dans l'évolution moderne de la satisfaction des besoins par le mode de l'entreprise.

Nous n'étudierons pas ces organisations, puisque nous nous sommes donné pour objet les *formes* d'entreprise. En effet, les cartels ne sont pas une forme d'entreprise. Ce ne sont pas des économies indépendantes ; ils n'exercent pas une activité d'entreprise qui leur soit propre. Ce sont des arrangements contractuels entre des entreprises qui restent indépendantes et dont la forme extérieure ne se trouve pas modifiée. Leur but est la suppression ou la limitation de la concurrence. Mais leur forme nouvelle, les trusts américains, où les différentes entreprises sont groupées en une nouvelle entreprise commune, constitue pourtant une forme spéciale d'entreprise (société de participation) dont il sera question au chapitre suivant. Ces groupements sont en tout cas d'une importance considérable pour les entreprises modernes et c'est pourquoi notre exposé des cartels et des trusts dans une étude de vulgarisation que nous avons antérieurement publiée (1), est un complément nécessaire de cette étude.

____

(1) *Kartelle und Trusts und die Weiterbildung der volkswirtschaftlichen Organisation*, 4º édit., Stuttgart, 1920.

Les deux ouvrages donnent ensemble une vue complète de l'importance et de l'évolution de l'entreprise dans l'économie nationale moderne.

Mais il existe d'autres essais de suppression ou de limitation de la concurrence ou tendant encore à un accroissement de puissance dans la lutte contre un tiers. Et ces essais divers que l'on désigne, en général, comme tendance à la concentration dans l'économie moderne, sont d'une telle importance pour l'évolution des entreprises que nous allons en dire encore un mot. Il y a lieu de distinguer en particulier le mouvement de fusion et de combinaison, que l'on réunit également tous deux sous le terme d'intégration. Ici non plus, il ne s'agit pas de nouvelles formes d'entreprises mais de phénomènes économiques qui modifient considérablement la situation des diverses entreprises dans le domaine de l'échange sans en changer la forme. La fusion est, avant tout, un processus juridique, mais dont les conséquences économiques sont souvent des plus considérables ; c'est l'union complète de deux entreprises. Juridiquement, ce sont surtout des entreprises sociétaires dont il s'agit et la législation résout le problème de la protection du droit des tiers lors de l'absorption de la personnalité légale d'une des sociétés. Mais, au point de vue économique, le fait a la même importance quand il s'agit d'entreprises privées. La fusion sert à agrandir une entreprise par l'annexion d'autres entreprises. On peut obtenir par là des avantages techniques et commerciaux : emploi plus étendu des machines, meilleure utilisation de celles-ci, diminution des frais généraux, accroissement du capital, etc. Ce sont surtout des avantages financiers qu'entraîne très fréquemment une fusion ; mais celle-ci peut également être opérée pour

évincer la concurrence. L'entreprise ainsi accrue peut ensuite ou bien mener la concurrence avec une force plus
grande et un capital plus considérable contre celles qui
sont encore indépendantes, ou bien mettre un terme défi-
nitif à la concurrence par la fusion au moins dans un
certain domaine d'activité (fusion en vue d'un monopole).
Les fusions jouent dans les grandes exploitations actuelles de l'industrie, du commerce et des transports un tel
rôle, les grandes entreprises cherchent tellement à s'étendre par l'annexion d'autres entreprises que l'on en est
arrivé à parler d'une évolution de la grande exploitation
à la « plus grande exploitation ». Le développement gigan-
tesque de nos grandes sociétés minières, des banques, des
sociétés électriques, des fabriques de produits chimiques,
des compagnies de navigation est dû pour une part considérable à l'annexion d'autres entreprises par voie de fusion. Certaines sociétés ont acquis ainsi des proportions
telles que l'on peut à peine en embrasser l'ensemble. C'est
là la limite qui s'oppose à la fusion des diverses entreprises. Mais le nombre de ces unions augmente incessamment et il n'est guère de jour où la presse commerciale ne
publie d'informations à ce sujet.

Par contre, les combinaisons sont des phénomènes purement économiques, mais qui empruntent parfois aussi
la forme juridique de la fusion. C'est un élargissement de
l'entreprise, à laquelle on ajoute des branches de production préparatoires ou complémentaires. Cela peut avoir
lieu par l'établissement de nouvelles exploitations, par
exemple d'une mine de charbon, d'un haut-fourneau, de
fabriques de conduites, ou bien par la fusion d'une autre
entreprise déjà en fonctionnement. C'est dans ces combinaisons qu'apparaît surtout la tendance moderne à une

exploitation toujours plus grande. Même de grandes entreprises essaient de s'introduire dans les différentes branches de production de la matière première ou dans les branches complémentaires et se rendent ainsi indépendantes de certains fournisseurs ou de certains acquéreurs. Voyons surtout dans l'industrie minière et métallurgique, comment les grandes entreprises comprennent les exploitations les plus différentes, depuis les mines de charbon, de métaux, les carrières de pierre à chaux jusqu'aux branches où les produits sont travaillés, comme les fabriques de conduites, les fabriques de pointes et les ateliers de construction. De même nos grandes fabriques électrotechniques produisent tout ce qui touche à l'électricité, depuis les grandes dynamos jusqu'aux fils des lampes à incandescence, dans des ateliers qui leur appartiennent ; elles comprennent les exploitations les plus variées, depuis les fonderies jusqu'aux fabriques de caoutchouc.

C'est justement la fusion des entreprises avec d'autres entreprises semblables qui a rendu possible dans la plupart des cas l'incorporation de ces stades de production préparatoires ou complémentaires dans la branche principale. La combinaison est donc en quelque sorte l'opposé de la spécialisation. Ces deux tendances se montrent simultanément dans l'évolution économique actuelle et se complètent souvent l'une l'autre. La combinaison a l'avantage que les bénéfices sur les produits partiels qui revenaient auparavant aux entreprises spécialisées se trouvent maintenant épargnés. L'entreprise combinée ne paie, pour chaque produit partiel, que son prix de revient. C'est l'avantage qu'elle a sur les autres qui doivent acheter toutes les matières premières et tous les produits à demi fabriqués. Dans l'industrie métallurgique et minière, cet avantage est encore accru par le fait que les entreprises spécialisées sont obligées de lui acheter la matière première, comme la fonte et les produits à demi fabriqués. Les gains des commerçants intermédiaires, de même que les frais de transport se trouvent aussi souvent épargnés. Ces entreprises combinées eurent une importance encore plus grande du jour où se formèrent des cartels dans le but d'élever le prix de la matière première. Si c'est au contraire la concurrence qui règne entre les producteurs de matières premières, les avantages de la combinaison sont minimes, puisque l'on peut être presque sûr d'obtenir au même prix les matières premières venant d'entreprises étrangères. Les progrès techniques, par exemple l'utilisation des gaz provenant des hauts-fourneaux pour la mise en action des machines, ont favorisé également la tendance aux combinaisons dans l'industrie minière.

Sous le rapport technique, on peut aller jusqu'à désigner comme caractéristique du stade actuel de développement de la grande exploitation dans l'industrie le fait qu'aujourd'hui chaque exploitation ne représente plus en règle générale comme autrefois une entreprise au point de vue économique, mais que c'est précisément le propre de grandes entreprises de comprendre plusieurs exploitations. Toutefois ce point de vue technique le cède en importance à un point de vue économique qui est la liaison intensive qui réunit aujourd'hui de grandes entreprises avec un grand nombre d'autres. Cette liaison peut s'effectuer sous les formes les plus différentes, par exemple par le fait que les directeurs ou les membres du conseil d'administration d'une entreprise entrent dans la direction ou le conseil d'administration des autres, qu'elles achètent en commun leurs matières premières, qu'elles se chargent en commun de grandes commandes (principalement dans l'industrie électrique et le bâtiment), qu'une entreprise conclut avec d'autres des traités de longue durée pour la fourniture ou l'écoulement, que l'une loue toute l'exploitation ou des exploitations partielles d'une autre, etc. Une importance spéciale a été acquise dans les derniers temps par les « communautés d'intérêts » qui consistent en ceci que deux (rarement plus) entreprises répartissent en commun leur gain d'après une proportion déterminée, généralement d'après l'importance de leur capital respectif. Cela exclut, c'est-à-dire cela rend superflu la concurrence entre elles, l'abaissement des prix.

De telles « communautés d'intérêts » sont apparues ici et là dès les années soixante-dix, notamment aussi entre banques et elles ont contribué à ce qu'on a appelé la formation d'un consortium, par quoi une des grandes banques établies à Berlin se lie plus ou moins étroitement avec une ou plusieurs « banques de province » par l'acquisition d'actions, la délégation de directeurs et de membres du conseil d'administration et, le cas échéant, par la répartition des bénéfices. Dans l'industrie, la « communauté d'intérêts » la plus importante fut celle qui fut établie en 1904 entre trois des plus grandes fabriques chimiques, la *Badische Anilin und Sodafabrik,* les fabriques de couleur d'Elberfeld, antérieurement F. Bayer et C^le et la *Berliner A. G. für Anilinfabrikation* ; elle conduisit à l'acquisition en commun d'une mine de charbon, c'est-à-dire à une large combinaison.

Les deux premiers établissements recevaient 43 %, la *Berliner A. G.* 14 % des bénéfices nets mis en commun. Cette « communauté d'intérêts » prit une extension de plus en plus grande, principalement lorsque les instal-

lations gigantesques pour la fabrication de l'azote synthé-
tique suivant le procédé Haber demandèrent des capitaux
énormes. En 1916, l'autre groupe des grandes fabriques
chimiques s'y associa : les usines de colorants de Hoechst,
Cassella et Cⁱ⁰ et Kalle et Cⁱ⁰, qui avaient déjà formé en
1904 également une « communauté d'intérêts ». La fabrique de produits chimiques Griesheim-Elektron et la fabrique *Weiler-ter Meer A. G.* ont été aussi englobées dans
cette « communauté d'intérêts », dont la durée a été pro-
longée dernièrement jusqu'à la fin du siècle et où les trois
plus grandes fabriques reçoivent chacune 25 %, Cassella
10 % et la fabrique d'aniline de Berlin un peu plus de
8 % des bénéfices mis en commun. Ces entreprises viennent de transformer en commun les gigantesques usines
d'azote d'Oppau près Mannheim et de Leuna près Merse-
burg qui n'avaient pas jusqu'ici l'organisation d'une entreprise autonome, en une société à garantie limitée au
capital de 500 millions de marks ; cette société est maintenant la plus grande entreprise de production allemande
après l'*Allgemeine Elektrizitätsgesellschaft,* qui a porté
son capital-actions à 850 millions de marks.

Une « communauté d'intérêts » encore plus vaste et qui
groupe des entreprises encore plus diverses a été dernièrement établie, reliant étroitement l'industrie minière et
métallurgique avec l'industrie électrotechnique. Déjà
avant la guerre la grande fabrique de câbles *Felten-Guil-
laume A. G.* qui fait partie du consortium de l'*Allgemeine
Elektrizitätsgesellschaft,* s'était annexé une aciérie propre ; elle fut obligée de l'abandonner à la suite du traité
de paix, — ce qui n'empêcha pas toutefois l'établissement
de relations étroites entre le consortium de l'*Allgemeine
Elektrizitätsgesellschaft* et le consortium *Arbed* (Aciéries

Réunies Burbach-Eich-Düdelingen) ; en 1920 fut réalisée tout d'abord une « communauté d'intérêts » entre la *Gelsenkirchener Bergwerksgesellschaft*, qui avait elle aussi perdu ses aciéries du Luxembourg et de Lorraine, et la *Deutsch-Luxemburgische Bergwerksgesellschaft*, puis une nouvelle « communauté d'intérêts » entre ce consortium et le second consortium électrique, la *Siemens-Halske A. G.* et l'*Elektrizitäts A. G.* antérieurement Schuckert, qui possède lui-même la société à garantie limitée *Siemens-Schuckert-Werke* : ce fut la *Rhein-Elbe-Siemens-Schuckert-Union*.

Dans l'industrie sucrière de l'Allemagne du Sud aussi, dans l'industrie de l'alcool, étroitement liée à la fabrication de la bière, et dans de nombreuses branches industrielles, on a conclu de grandes « communautés d'intérêts ». Dans certaines de ces « communautés d'intérêts », en particulier dans la « communauté d'intérêts » plus étroite qui subsiste encore, au sein du groupe de l'industrie chimique, entre les fabriques de colorants de Hoechst, Cassella et Cie et Kalle et Cie, on a prévu, outre la répartition des bénéfices et la délégation de directeurs ou de membres du conseil d'administration, une participation réciproque sous forme de propriété d'actions. Cette participation par acquisition d'actions d'autres entreprises est du reste la forme la plus courante et la plus fréquente pour l'établissement de relations étroites entre plusieurs entreprises. Elle est si répandue qu'aujourd'hui en Allemagne, — et tout cela s'applique aussi à d'autres pays —, il y a peu de grandes entreprises qui ne possèdent pas, par la propriété d'actions, des intérêts dans d'autres. Cette forme d'établissement de relations étroites suppose donc, en règle générale, dans les entreprises ainsi liées, la forme sociétaire. Nous parlerons donc des participations à la fin du chapitre suivant, qui traite des entreprises sociétaires. Nous terminerons ici en exprimant l'impression que donne principalement l'observation de la vie économique actuelle : l'évolution économique a depuis longtemps déjà, sous les formes les plus différentes, dépassé l'entreprise individuelle et son isolement d'autrefois pour constituer des groupements de plus en plus larges, mais toujours en restant encore dans le cadre du principe fondamental de l'ordre économique actuel, l'effort de chaque individu vers le gain. Ce cadre sera-t-il lui même dépassé et quand le sera-t-il ? Personne ne peut aujourd'hui le dire, et ce n'est qu'alors que nous aurions véritablement un nouvel ordre économique.

CHAPITRE II

LES ENTREPRISES SOCIÉTAIRES

1. L'ÉVOLUTION DES SOCIÉTÉS COMMERCIALES

Du point de vue économique, on ne peut distinguer, comme nous l'avons vu au chapitre précédent, que deux espèces d'entreprises sociétaires : les sociétés personnelles et les sociétés capitalistes. Les premières se rapprochent de l'entreprise individuelle par le fait que tous les associés ou la plupart d'entre eux collaborent à la direction de l'entreprise, réunissent par conséquent leur capital et leur force de travail. Au contraire, les sociétés capitalistes se caractérisent par la séparation entre la propriété de l'entreprise et sa direction. Tous les associés ou, tout au moins, la plupart d'entre eux, n'apportent que leur capital. La direction se trouve le plus souvent aux mains d'employés, qui quelquefois ne sont pas tenus à avoir des capitaux dans l'entreprise. Le type de sociétés personnelles est la « société commerciale ouverte »; celui des sociétés capitalistes la « société par actions ». Parmi les formes juridiques des sociétés commerciales, la société en commandite et la société en commandite par actions se trouvent entre les deux groupes. Dans ces deux formes, quelques associés collaborent seulement par leur capital, les autres également dans la direction, et ceux-ci offrent une garantie personnelle s'étendant à toute leur fortune, tandis que la garantie des premiers ne s'étend qu'à leur mise. La société en commandite par actions, dont le capital est divisé en actions, se rapproche davantage de la société capitaliste pure, parce que le nombre et le capital des commanditeurs dépassent le plus souvent de beaucoup ceux des sociétaires responsables personnellement. Disons quelques mots de l'origine et de l'organisation juridique de ces « sociétés commerciales ».

La forme juridique la plus commune est la société commerciale ouverte, l'ancienne « compagnie ». Elle est aussi la plus ancienne, mais nous savons peu de choses de ses origines. Elle est issue certainement de l'économie familiale, et son but était surtout, comme il l'est encore aujourd'hui, de compléter la direction de l'économie d'acquisition en acceptant la collaboration d'autres personnes qui viennent en aide à l'entrepreneur individuel. L'augmentation de la force de travail est plus importante ici que l'accroissement du capital. Le père, par exemple, prend son fils comme associé dans sa maison ou lègue celle-ci à ses fils sous la forme d'une société commerciale ouverte. Aujourd'hui encore, deux personnes non parentes, rarement plus, se réunissent pour créer une entreprise commune. La société commerciale ouverte est née, paraît-il, d'abord en Italie, dans l'exploitation industrielle. Mais elle s'est répandue ensuite partout, principalement dans les grandes affaires commerciales, ou bien sous cette forme que deux ou plusieurs compagnons, travaillant à plusieurs endroits, se fournissaient mutuellement du travail. Les compagnons sont responsables solidairement des affaires de la société. Ils forment extérieurement une unité. Ils ont une « firme », qui est l'expression d'une économie d'acquisition indépendante ; bref, ils forment une entreprise commune. La société commerciale ouverte a notamment par la loi commerciale de Colbert de 1673, reçu la forme juridique qu'elle a encore aujourd'hui.

Une autre évolution a conduit à la société en commandite actuelle. Elle est née de la *commenda*, c'est-à-dire de l'association qui existait déjà dans l'antiquité et qui fut surtout développée au moyen âge pour la navigation et le commerce maritime. La *commenda* était sans doute tout d'abord une relation de commission ou de crédit. Au marchand qui passait la mer, *tractator, commendatarius*, on confiait des marchandises et le gain était réparti entre tous ceux qui participaient à l'affaire. Cela ne donna naissance à des sociétés au sens économique, que lorsque plusieurs de ceux qui donnaient les commandes fournissant le capital, conclurent entre eux des traités ou lorsque le tractator participa lui-même à l'affaire avec son capital ; alors se forma une fortune d'acquisition commune et autonome, une société (*societas maris*). Le *tractator* devient finalement la personne principale ; la participation des autres prend un caractère permanent, le lien sociétaire est exprimé par une firme. Du commerce maritime la *commenda* s'étend au commerce sur terre, en particulier à la banque. Elle devient pour l'aristocratie et le clergé un moyen de participer à des affaires commerciales sans avoir à dépenser d'activité personnelle. La forme juridique pour la société en commandite actuelle fut créée en France au XVIIe siècle. Et elle se distingue de ce que l'on appelle la « société tacite » qui est née elle aussi de la *commenda*, par le fait que les commanditaires sont aussi copropriétaires de la société, tandis que l'apport du sociétaire tacite devient la propriété de l'entrepreneur proprement dit. Aux commanditaires dont la garantie se borne à leur apport dans la société s'opposent dans la société en commandite les « sociétaires personnellement responsables » ou autrement dit les « complémentaires », dont toute la fortune peut servir à payer les dettes de la société. C'est en leurs mains que se trouve d'habitude la direction de l'entreprise, mais celle-ci peut également être confiée à des employés qui les secondent.

La *société par actions*, la plus importante des sociétés commerciales, la forme à laquelle on pense surtout lorsqu'on considère les entreprises sociétaires, est née, suivant les différents aspects de son organisation, à des époques très différentes, et ses débuts ont été très divers. Comme origine principale des sociétés par actions, on considère les sociétés de créanciers qui apparaissent en Italie dès le xiie siècle, les *montes* ou *maonae*. Cela est juste en tant qu'elles furent le premier moyen qu'eut l'économie monétaire en se développant de réunir de grandes sommes pour des travaux nationaux. Mais elles étaient à l'origine moins des économies communes d'acquisition que des associations de protection formées par les créanciers de l'État, associations qui sans doute obtinrent ensuite, comme c'est le cas pour la Casa di S. Giorgio à Gênes, l'administration du domaine colonial et de la banque. Assez indépendamment de ces entreprises se développent dans le Nord, en particulier en Hollande et en Angleterre, depuis la fin du xvie siècle et le commencement du xviie, de grandes entreprises sociétaires qui naissent en partie d'associations d'armateurs et de la *com-*

menda, comme en Hollande, en partie des « compagnies régulières », qui obtinrent en Angleterre sous la reine Elisabeth le monopole du commerce avec les pays étrangers (Russie 1554, Prusse 1568, Turquie 1581), mais qui n'avaient pas encore de capital commun.

La première société moderne par actions est la Compagnie générale néerlandaise des Indes Orientales, fondée en 1602 par le Gouvernement hollandais pour le commerce des Indes avec environ 6 milliards ½ de florins ; elle fut formée par la réunion de nombreuses petites sociétés et associations locales d'armateurs dont, par suite de leur concurrence, la situation dans le commerce des Indes était devenue défavorable. Il semble que ce soit également en Hollande, peut-être sous l'influence espagnole, que s'est développé le trait le plus important au point de vue économique de la société par actions moderne, la division du capital en parts semblables et, par suite, échangeables, les actions. Le fait aussi que ces actions devinrent des titres au porteur et, par conséquent, librement aliénables et facilement échangeables, est venu également de Hollande. Avec cette première grande société par actions se développe simultanément la première spéculation sur actions à la Bourse. Dès les premiers jours de leur apparition, les actions de la Compagnie hollandaise des Indes Orientales montèrent bien au-dessus de leur valeur nominale et la spéculation s'en empara d'autant plus facilement que les dividendes étaient fort variables, 15 % en 1605, 75 % en 1606, 40, 20, 25, 50 % dans les années suivantes. Puis, se constitua la Compagnie hollandaise des Indes Occidentales, dont les actions devinrent également un objet favori de la spéculation. C'est par le fait de cette spéculation sur les actions de ces compagnies, qu'ont été créées à la Bourse d'Amsterdam les affaires à terme. Déjà, en 1610, le Gouvernement hollandais essaya d'intervenir contre les abus de la spéculation.

Bientôt, dans les autres pays aussi, principalement en France et en Angleterre, furent fondées des sociétés par actions pour le commerce extérieur et aussi pour d'autres branches d'acquisition, comme la pêche, l'assurance maritime, les banques, l'assurance contre l'incendie et les entreprises minières. Déjà en 1695, commence, en Angleterre, la première époque de lancement d'actions sans garantie sérieuse et, dans la période de 1717 à 1720, en Angleterre (bubbels) et en France (Société du Mississipi, John Law), apparaissent les abus modernes de la spéculation sur les actions. Cette période de trouble, qui n'a jamais été dépassée pour ce qui est de la folie des spéculations, fit tomber longtemps les actions en discrédit ; et ce n'est qu'à la fin du xviiie et au début du xixe siècle que l'on commence lentement à s'habituer de nouveau à cette forme d'entreprise. Les sociétés d'assurance, les entreprises minières, les banques, sont créées parfois sous cette forme. Mais leur fondation nécessite une concession particulière, qui a lieu souvent par le fait d'une loi spéciale. Le développement véritable des sociétés par actions commence seulement au milieu du xixe siècle, depuis que la réunion de gros capitaux est devenue nécessaire, principalement pour la construction des chemins de fer. Pour rassembler ces capitaux, on créa partout sur le continent des « banques d'effets », sur le modèle du Crédit Mobilier existant à Paris depuis 1852, qui avaient elles-mêmes la forme de sociétés par actions et dont le but était la fondation de sociétés de ce genre. Pour placer les actions

des sociétés qu'elles fondaient, elles faisaient de la spéculation en Bourse. Aujourd'hui, la société par actions est,
dans le monde entier, le moyen généralement employé
pour réunir de gros capitaux dans le but de fonder une
entreprise. Le système des concessions a été supprimé
presque partout et quant aux abus considérables qui se
sont manifestés dans la fondation et l'administration de
ces entreprises, on a essayé de les supprimer par une
législation très précise.

Les dispositions complexes de cette législation qui ont
été introduites notamment en Allemagne par la loi complémentaire ajoutée en 1884 au Code commercial, après
que la période des grandes affaires du début des années
1870 eût donné le jour à un grand nombre d'entreprises véreuses, se sont révélées toutefois, avec le besoin
croissant d'entreprises sociétaires, de plus en plus comme
des entraves gênantes. Aussi le Gouvernement impérial
introduisit-il par la loi du 20 avril 1892 la « société avec
garantie limitée ». Dans la pensée du législateur elle était
destinée aux entreprises de moindre importance. Aussi
l'organisation en est-elle simplifiée, si on la compare à
celle des sociétés par actions. Un conseil d'administration
et l'assemblée générale ne sont pas nécessaires ; la direction de l'entreprise est aux mains du ou des directeurs
qui ne sont pas obligés d'être sociétaires. Les formalités
pour la fondation et les prescriptions concernant le bilan
sont très simplifiées. La publication de celui-ci n'est imposée qu'aux sociétés à garantie limitée qui s'occupent
d'affaires de banques. Par contre la transmission des parts
a été rendue plus difficile ; elle demande l'attestation d'un
notaire. Elles ne peuvent non plus être l'objet d'opérations
de Bourse. Cette forme de société a pris une très grande

extension ; elle ne s'est nullement limitée aux petites entreprises. Il a été fondé :

1895	297	sociétés à gar^{tie} lim. avec cap. de	150	millions de m.
1897	640	» » »	136	»
1908	3.101	» » »	386	»
1910	3.872	» » »	335	»
1911	4.051	» » »	400	»
1912	4.167	» » »	337,7	»
1913	4.232	» » »	365,3	»
1914	1.818	» » »	183,9	»
1915	1.134	» » »	144,5	»
1916	1.600	» » »	206,4	»
1917	1.827	» » »	203,3	»
1918	2.224	» » »	252,1	»

Nombre des sociétés en exercice :

Fin 1897	1.813	sociétés à gar^{tie} lim. avec cap. de	630	millions de m.
1909	10.503	» » »	3 538	»
1911	22.179	» » »	4.230	»

La société à garantie limitée est surtout employée pour des fondations de famille, pour l'exploitation de nouvelles inventions ou comme société d'étude pour l'acquisition de brevets (dans ce but de grandes sociétés par actions ont ensuite également souvent organisé des sociétés spéciales avec garantie limitée, également comme préparation de sociétés par actions futures). De plus pour des entreprises d'espèces les plus différentes se trouvant en peu de mains, dont certaines sont très importantes : les usines Siemens-Schuckert avec un capital de 90 millions, la société Herne, l'union des actionnaires de l'Hibernia, avec un capital de 42 millions de marks, la société métallurgique Stumm, celle des frères Röchling, des banques, des journaux (maison d'édition Auguste Scherl, la *Gazette de Francfort*, les

Münchner Neueste Nachrichten, etc.) ; également comme établissement de vente des cartels et surtout, dans les derniers temps, comme société pour l'achat et la vente des terrains (parfois en vue d'économiser l'impôt sur l'augmentation de valeur et sur la transmission : l'acheteur entre dans la société et acquiert toutes les parts de capital).

Sur le modèle de la loi sur les sociétés coopératives, on a introduit dans les sociétés à garantie limitée, l'obligation du versement supplémentaire. Cette obligation n'est cependant pas générale comme pour les sociétés minières, mais elle est seulement édictée par les statuts. Elle peut être limitée ou illimitée, mais elle doit être toujours proportionnelle aux parts. La part n'est pas un effet, une valeur échangeable. Elle n'est que la représentation des droits de chaque sociétaire qui lui viennent de sa participation. C'est pourquoi, à la fondation, chaque sociétaire ne peut prendre qu'une seule part. Le montant des parts peut être très différent. Contrairement aux actions, elles sont divisibles, mais le montant minimum de chaque part est de 500 marks, celui du capital global de la société de 20.000 marks. Chaque centaine de marks donne une voix. Les sociétaires sont solidairement responsables du paiement complet du capital, mais l'obligation d'un versement supplémentaire n'existe que vis-à-vis de la société.

Il s'ensuit que la société à garantie limitée se rapproche en général plus que les autres de la société personnelle. La plupart des sociétaires participent généralement à la direction de l'entreprise et leur nombre est très limité. Très peu de sociétés à garantie limitée comptent plus de 25 membres. Il y en a beaucoup plus qui ne comptent qu'un seul « membre » : ce sont pour la plupart des sociétés immobilières fondées dans le but d'économiser les impôts.

2. LES EFFETS

Nous avons expliqué dans le premier chapitre pourquoi il est presque indifférent, au point de vue de l'économie nationale, qu'une entreprise appartienne à un seul propriétaire ou à un petit nombre de propriétaires. D'une importance beaucoup plus considérable est le fait qu'il existe aujourd'hui des entreprises qui appartiennent à des centaines et à des milliers de propriétaires. La fondation d'entreprises par la coopération d'un si grand nombre de capitalistes est un phénomène des temps modernes. Cela n'a été possible que par l'apparition d'effets échangeables, principalement de titres au porteur, d'actions et d'obligations, que l'on réunit sous la dénomination d'effets. L'apparition de titres au porteur échangeables sous la forme d'actions de participation à des entreprises, est d'une importance si considérable pour l'économie nationale moderne qu'elle inaugure une nouvelle époque du capitalisme, le capitalisme d'effets. Par les titres des emprunts publics ou privés, dans les titres d'hypothèques ainsi que dans les actions, est représentée aujourd'hui une très grande partie du capital, c'est-à-dire comme nous savons, des droits à des rendements en argent. La plus grande partie de ces droits ont naturellement pour base un capital en biens sur le gage duquel ils ont été émis. Mais dans les emprunts d'État, dont on sait qu'ils ont pris depuis la guerre des proportions inconnues jusqu'alors, des effets ont été émis qui n'ont d'autre base que le crédit, la « garantie de l'impôt ». Même si ces titres avaient été émis sur la base d'un capital en biens, l'intervention des effets ne crée d'ailleurs pas moins une séparation complète entre le capital en biens et la fortune de ceux qui le possèdent par l'intermédiaire des effets. Une exploitation de production dont le capital en biens se trouve ainsi incorporé dans des effets apparaît comme une économie tout à fait autonome, absolument indépendante de la personne et de la fortune des nombreux actionnaires. Une telle entreprise remplit sa fonction d'échange d'une façon tout à fait autonome et il semble qu'elle s'efforce d'obtenir un bénéfice indépendamment des actionnaires qui ont apporté le capital. En tout cas, elle fonctionne tout à fait sans leur intervention, c'est l' « impersonnalisation du capital », ce que l'on nomme sa « mobilisation » qui est amenée par les effets.

Tant que les effets n'existaient pas encore, il était complètement impossible qu'une entreprise fût formée par des centaines, voire même par des milliers de propriétaires. Aussi toutes les entreprises sociétaires antérieures à la période de capitalisme d'effets, comme la société commerciale ouverte et la société en commandite, gardent quelque chose de personnel. Un entrepreneur ne pouvait compléter son capital par celui d'un autre qu'en entrant en relations personnelles avec cet autre. Inversement celui-ci ne pouvait placer et faire fructifier le capital qu'il ne pouvait utiliser lui-même, qu'en faisant la connaissance d'une personne ayant besoin de capital. Les relations personnelles étaient donc à la base de tout crédit et de toute association. L'associé n'avait sans doute pas besoin d'apporter sa collaboration personnelle déjà dans la *com-*

menda, mais il ne confiait naturellement son capital en argent ou en biens à un *tractator* que lorsque celui-ci lui inspirait personnellement confiance.

Combien la situation est aujourd'hui différente avec le développement des effets ! Le capitaliste qui fait de son argent un capital, qui veut lui trouver un placement, peut, pourvu que sa fortune soit assez considérable, devenir par un seul ordre donné à son banquier, le créancier de douzaines d'États, de centaines de communes et autres corps publics et de millions d'entreprises industrielles ou de transport. Il peut en même temps devenir l'associé d'un nombre d'entreprises qui n'est limité que par l'étendue de sa fortune. Il peut renoncer chaque jour à cette situation d'associé et de créancier et apporter sa participation à d'autres entreprises, devenir le créancier d'autres États, etc., etc. Tout ceci est l'œuvre de ce fait que le capital en biens se trouve représenté par des effets ; il est possible ainsi de transformer de nouveau à chaque moment la participation à un tel capital en biens en capital monétaire. Cela explique le développement énorme du crédit et de la participation à des entreprises, la création des entreprises les plus grandes sous forme de sociétés par actions, et le fait que les corps publics eux-mêmes se procurent pour leurs fins les sommes les plus considérables. Les répercussions extrêmement importantes de cette évolution sur la vie économique, en particulier sur la répartition des revenus, seront étudiées au par. 4.

Des formes sociétaires déjà développées au moyen âge, c'est la société d'exploitation minière (*Gewerkschaft*) de l'ancien droit allemand qui porte surtout ce caractère d'entreprise sociétaire autonome, d'impersonnalisation du capital. Le *kux* est déjà de très bonne heure une valeur

échangeable et déjà au moyen âge, il était souvent acheté
et vendu. La *Gewerkschaft*, qui a été l'ancienne forme
allemande de société pour l'exploitation minière, est toutefois une participation à des parts idéales, c'est-à-dire
que chaque part, le « kux » ne représente pas comme
l'action une certaine somme d'argent versée auparavant,
mais une certaine fraction de la fortune de la société.
L'ancienne *Gewerkschaft* allemande était répartie en
128 *kux*, la nouvelle qui n'a été créée que par la loi prus-
sienne sur les mines de 1865 en comprend 100 ou 1.000.
Le *kux* de l'ancienne *Gewerkschaft* était divisible et ce
n'est qu'ainsi que plus de 128 personnes pouvaient s'associer pour l'exploitation commune d'une mine. Mais le
caractère peu rationnel de cette division apparaît dans le
fait que, par héritage et par transmission, le morcellement de ces parts devenait incroyable. Le 16 février 1867
un des associés de la mine Allendorf près de Allendorf sur
la Rhur, un certain Sch..., possédait à côté de 10 parts
dont l'une allait jusqu'au billionième, une part représentée par la fraction :

$$\frac{15.492 \text{ millions de billions de trillions}}{420.854 \text{ millions de billions de trillions}}$$

c'est-à-dire par une fraction ayant 47 chiffres au nomina-
teur et 48 au dénominateur. Deux autres compagnons
possédaient des parts exprimées par une fraction de
35 chiffres au dénominateur et deux autres par des frac-
tions de 30 et 26 chiffres. On voit combien cette forme
de participation serait absurde, pour les besoins actuels
de la mobilisation.

Dans les sociétés minières du droit moderne les *kux*
ne sont plus divisibles. Mais cela a l'inconvénient que la

participation à une mine ne peut être le fait de plus de
1.000 personnes, que ce nombre est un maximum et que
le *kux* de mines importantes et de grand rapport représente quelquefois toute une fortune. Dans les derniers
temps, on a payé pour un *kux* des sociétés minières Ewald
et Lothringen plus de 250.000 marks, pour le *kux* de la
société Wintershall pour l'exploitation de la potasse jusqu'à 290.000 marks.

Tous les *kux* impliquent l'obligation pour les « compagnons » d'effectuer les versements complémentaires que
décide la société. Cela tient à ce qu'autrefois surtout, il
était diffisile d'estimer à l'avance le capital nécessaire pour
une exploitation minière et aussi de réunir en une fois ce
capital. Mais on peut se débarrasser de cette obligation
en mettant sa part à la disposition de la société pour être
mise en vente. Cependant le *kux* n'est pas un papier au
porteur. La transmission de sa propriété ne peut s'effectuer d'habitude que par une modification dans le livre
d'inscription. En tout cas, la *Gewerkschaft* ne représente
pas encore une mobilisation complète du capital. Aussi,
dans les temps modernes, elle est évincée de plus en plus
surtout dans les grandes entreprises, par la société par
actions et par la société à garantie limitée. Elle existe
encore aujourd'hui surtout dans l'industrie de la potasse
pour des raisons de législation locale.

Autrefois, toutes les sociétés par actions avaient besoin
à leur fondation d'une concession particulière de l'État.
On croyait d'abord par là empêcher la création de sociétés
sans garanties sérieuses, comme cela était arrivé, et les
abus de la spéculation. Ce système de concessions ne fut
supprimé qu'en 1870 par une loi de la Confédération de

l'Allemagne du Nord et dans les années suivantes, dans l'Allemagne du Sud. La conséquence fut, par suite de la prospérité économique générale qui marqua la fin de la guerre franco-allemande, un accroissement énorme du nombre des sociétés par actions fondées. Jusqu'en 1871, il ne fut fondé en Prusse que 459 sociétés par actions, dont 5 avant 1860. Dans les années 1871 et 1872 seulement, dans tout l'empire allemand, furent créées 686 sociétés par actions, en 1871, 207 avec un capital de 759 millions de marks, et en 1872, 479 avec un capital de 1.478 millions de marks.

En 1873, encore, on fonda 242 sociétés nouvelles au capital de 544 millions. Ces chiffres, pour ce qui est du capital de fondation, n'ont jamais été atteints depuis. En 1874, le nombre des créations tomba à 90 avec un capital de 106 millions, en 1875 à 55 avec un capital de 46 millions. Les années 1876 à 1879 marquent une stagnation qui n'a jamais été atteinte depuis : 42, 44, 42, 45 fondations au capital de 18 millions, 43 millions, 57 millions.

Voici les chiffres pour les années suivantes :

Année	Nombre de fondations	Capital en millions de marks	Année	Nombre de fondations	Capital en millions de marks
1880	97	92	1890	236	271
1881	111	199	1891	160	90
1882	94	56	1892	127	80
1883	192	176	1893	95	77
1884	153	111	1894	92	88
1885	70	53	1895	162	257
1886	113	104	1896	182	269
1887	168	128	1897	254	380
1888	184	194	1898	329	404
1889	360	403	1899	364	544

Année	Nombre de fondations	Capital en millions de marks	Année	Nombre de fondations	Capital en millions de marks
1900	261	340	1910	186	241
1901	158	158	1911	163	225
1902	87	118	1912	179	251,3
1903	84	300 (1)	1913	175	219
1904	104	141	1914	119	333,7
1905	192	386	1915	18	58
1906	212	475	1916	89	114,2
1907	221	254	1917	111	279,1
1908	151	162	1918	108	347,9
1909	179	231			
Augmentations du capital après l'émission.					
1912	356	135,3	1916	206	266,3
1913	285	504,8	1917	370	790,9
1914	179	522,6	1918	448	860,8
1915	76	269,3			

(1) Fondation de la firme Frédéric Krupp, société par actions avec un capital de 160 millions de marks.

Ces nombres montrent, malgré maintes influences diverses, que la fondation de sociétés par actions dépend de la conjoncture. Ils montrent aussi la fondation de beaucoup de petites sociétés de 1882 à 1894, qui ne diminuent qu'avec l'introduction des sociétés à garantie limitée (en 1892). En 1918, la statistique comptait en Allemagne 4.710 sociétés par actions avec 15 milliards 8 de marks de capital émis, 4 milliards 28 de marks de réserves, 3 milliards 57 de dettes sur obligations et 1 milliard 8 de dettes hypothécaires non représentées par des obligations.

Ces 4.710 sociétés se répartissaient ainsi :

	Nombre	Capital en millions de marks
Agriculture	1	1,6
Pêche	20	26,2
Forges, combinées avec exploitations minières et industrie métallurgique	34	1.251,2
Forges, seules.	62	420,6
Exploitation de la potasse	27	22,8
Salines.	8	14,5
Industrie des pierres et de la terre .	333	471
Travail des métaux	172	402
Machines et instruments	617	2.554
Industrie chimique	370	1.038
Matières d'éclairage, savons, corps gras, huiles.	141	210,3
Industrie du coton	127	225,4
Autres textiles.	142	301,8
Industrie du papier	99	107,6
Cuir et caoutchouc	66	154,4
Bois.	69	98,9
Fabrication de la bière	526	631,4
Autres produits d'alimentation . .	280	474
Industrie du vêtement	29	56,8
Industrie du nettoyage	4	0,5
Industrie du bâtiment	47	76,8
Industrie du livre et de l'imprimerie.	116	95,7
Banques	383	3 799,4
Commerce des biens fonciers . . .	214	371,5
Autres entreprises commerciales . .	200	191
Assurances	135	181,3
Chemins de fer (à voie normale) . .	56	242,9
Chemins de fer à voie étroite et tramways.	238	890,9
Navigation fluviale et côtière . . .	55	73,1
Navigation au long cours	25	69,5
Hôtellerie et cafés	54	61,7
Musique et théâtres	33	20
Autres sociétés	80	298,9
Total	4.710	15.820,8

On sait que, depuis 1919, la dépréciation de l'argent a amené des augmentations considérables du capital nominal des entreprises par actions en Allemagne ; par contre il a été constitué peu de nouvelles entreprises. Le capital de l'ensemble des sociétés par actions allemandes est estimé, en 1921, à 35 milliards.

Il est intéressant de comparer le tableau des plus grandes sociétés par actions allemandes en 1912 et en 1921.

En 1912, les sociétés par actions ayant un capital de 100 millions de marks et au-dessus étaient les suivantes :

	Capital	(Réserve
Deutsche Bank	200 millions de marks	108 millions)
Diskonto-Gesellschaft	200	80
Dresdner Bank	200	61
Reichsbank	180	70
Darmstädter Bank	160	32
Schaafhausenscher Bankverein . .	145	34
Berliner Handelsgesellschaft . . .	110	35
Friedrich Krupp	180	et 58 millions d'obligations
Gelsenkirchener Bergwerksgesellschaft	180	73
Phönix-Aktiengesellschaft	106	34
Deutsch-luxemburgische Bergwerksges.	100	oblig. 60
Allgemeine Elektrizitätsges. . . .	130	80
Deutsch-überseeische Elektrizitätsges	120	85
Hamburg-Amerika-Linie	150	75
Norddeutscher Lloyd	125	75
Grosse-Berliner Strassenbahn . . .	100	4

En 1921, on a le tableau suivant :

	Capital
Allgemeine Elektrizitätsgesellschaft	850 millions m.
Ammoniakwerk Merseburg-Oppenau G. M. B. H.	500 —
Badische Anilin = und Sodafabrik	430 —
Fabriques de couleurs d'Elberfeld	430 —
Fabriques de couleurs de Hœchst	430 —
Deutsche Bank.	400 —
Dresdner Bank.	350 —
Diskonto-Gesellschaft.	300 —

	Capital
Hamburg-Amerika-Linie	285 millions m.
Phönix	275 —
Deutsch-Luxemburgische Bergwerksges.	260 —
Siemens u. Halske	260 —
Friedrich Krupp	250 —
Daimler Motoren Gesellschaft	200 —
Deutsche Jürgenswerke	200 —

La plus grande société par actions du monde reste la *United States Steel Company* avec un capital-actions de 686 millions de dollars, et 600 milliors de dollars d'obligations ; elle occupait, en 1918, 268.710 employés, à qui elle payait 453 millions de dollars de salaires. La plus grande société de chemins de fer américains, la *Pennsylvania Railroad Company* a un capital de 454 millions de dollars en actions et 258 millions de dollars en obligations. La plus grande entreprise européenne de production est la grande firme de savons anglaise *Lever Brothers* ; son capital autorisé est de 130 millions de livres et son capital émis de 34 millions de livres.

3. L'ORGANISATION DES SOCIÉTÉS CAPITALISTES

Malgré l'importance qu'ont prise les sociétés à garantie limitée, qui ne sont à vrai dire qu'une forme simplifiée de la société par actions et qui sont remplacées dans les pays autres que l'Allemagne par celles-ci, la société par actions n'en reste pas moins, même en Allemagne, la forme de beaucoup la plus importante des entreprises sociétaires. Elle rend possible la collaboration d'un nombre considérable de capitalistes venant de toutes les classes

de la société, rassemble ainsi les capitaux les plus considérables et ses bénéfices reviennent ensuite au plus grand
nombre de participants.

D'après le Code commercial allemand, parag. 178,
une société par actions existe lorsque « tous les sociétaires
ne participent au capital de la société que par des apports
ou actions, sans supporter des responsabilités personnelles ». Donc, pendant qu'au point de vue économique
la séparation complète entre la propriété de l'entreprise
et la direction de celle-ci est le caractère distinctif de la
société capitaliste pure, c'est au point de vue juridique,
la personnalité juridique autonome du capital réuni, le
fait que les actionnaires ne sont pas responsables des
obligations de la société. En Allemagne, les actions sont
d'au moins 1.000 marks (100 thalers avant 1884 ; ces
actions ont encore cours aujourd'hui). Les actions nomi-
natives, dont la transmission ne peut s'effectuer qu'avec
l'autorisation de la société et les actions d'entreprises
d'utilité publique, délivrées avec l'assentiment du Conseil
Fédéral, ne doivent pas avoir un montant de moins de
200 marks (parag. 180) ; les actions ne doivent pas être
émises au-dessous de la valeur nominale (au pair). Lorsqu'elles sont émises au-dessus du pair, l'agio doit être
ajouté au fond de réserve. On doit ajouter encore à celui-ci
la vingtième partie du revenu net annuel, jusqu'à ce qu'il
ait atteint les 10 centièmes du capital de fondation (fonds
de réserve légal, par. 262). Mais la plupart des sociétés
par actions ont, en plus, ce que l'on appelle un fonds de
réserve libre, qui dépasse celui qui est fixé par la loi.
Elles disposent souvent aussi de réserves tacites, qui n'apparaissent pas à première vue dans le bilan et qui proviennent de ce que des parts de fortune, surtout des effets

facilement réalisables sont portés sur le bilan bien au-dessous de leur prix de vente. D'ailleurs, ce qu'on appelle le fonds de réserve légal n'existe généralement pas en argent comptant et ne se trouve pas séparé du reste ; il forme seulement une rubrique du bilan. Les recettes destinées à le couvrir sont placées dans l'exploitation. Il s'agit donc plutôt d'un compte de réserve. Lorsque de nouvelles actions sont émises pour augmenter le capital-souche, l'agio obtenu doit aller également au fonds de réserve. L'émission de nouvelles actions ne doit pas se faire avant le paiement complet des premières (exception faite pour les sociétés d'assurances), par. 278. Il faut pour cela l'assentiment des 3/4 de l'assemblée générale.

Le contrat d'association par lequel les sociétés par actions sont organisées doit être inscrit dans le registre du commerce et le tribunal commercial examine si les dispositions légales sont observées. Ce n'est qu'avec l'inscription au registre du commerce que la société par actions commence à exister comme personnalité juridique (par. 200). Lors de la dissolution d'une société par actions, la liquidation est faite par le comité de direction, mais elle peut aussi être confiée à d'autres liquidateurs. Une société par actions peut également prendre fin sans liquidation si toute la fortune en est vendue avec actif et passif. Une autre cause de dissolution est la fusion, la réunion de la société par actions avec une autre. Ici encore, il peut ne pas y avoir de liquidation.

Les organes de la société par actions sont le comité de direction, le conseil d'administration et l'assemblée générale. Cette dernière est l'organe par lequel ceux qui sont en fait les entrepreneurs, c'est-à-dire les actionnaires, exercent leurs droits dans les affaires de la société. L'assemblée générale est convoquée par le comité de direction et cela au moins une fois par an pour l'approbation du bilan et la répartition des bénéfices, de même que pour donner décharge au comité de direction et au conseil d'administration (par. 260). Mais l'assemblée générale doit être convoquée sur la demande d'actionnaires dont les actions atteignent 1/20° du capital (par. 254).

L'assemblée générale représente donc la dernière et suprême volonté dans la société par actions ; mais comme, vu le grand nombre des actionnaires, c'est un organe lourd à mouvoir, cette volonté suprême ne s'exprime en fait que très rarement. Ses décisions ne sont le plus souvent que formelles ; elle ne fait guère qu'approuver les décisions de la direction. Si, par suite, même dans une société par actions bien administrée, il ne vient souvent que quelques actionnaires à l'assemblée générale et si les directeurs liquident vite « entre eux » les formalités, il peut arriver cependant que l'assemblée générale dévienne le théâtre d'une lutte acharnée et que la majorité fasse acte d'autorité. Mais on ne peut pas dire que l'assemblée générale exerce la direction de l'entreprise. Elle nomme le comité directeur, qui ne comprend pas nécessairement, en Allemagne, que des actionnaires. Aux directeurs incombent la direction à l'intérieur et la représentation à l'extérieur. De plus, l'assemblée générale nomme l'organe de contrôle, le conseil d'administration.

Il est remarquable qu'en Allemagne, la constitution des sociétés par actions et la situation des actionnaires a un caractère tout particulièrement démocratique. Chaque actionnaire a le droit de suffrage et presque toutes les décisions importantes, la fixation du dividende, l'établissement du bilan, les augmentations et diminutions du capital dépendent du consentement de l'assemblée générale. En Angleterre et, ce qui est curieux, surtout en Amérique, la société par actions est organisée de façon beaucoup moins démocratique. Ses attributions peuvent se limiter à l'acceptation du bilan et à l'élection des directeurs. Même la fixation des dividendes et l'accroissement du capital peuvent être soustraits à sa compétence. L'usage le plus commun est de n'accorder le droit de suffrage qu'à une certaine catégorie d'actions et il en résulte que, souvent, ceux qui véritablement ont fourni le capital n'ont qu'une influence minime sur la société. Ainsi il arrive souvent que les *Common shares,* les actions de fondation sont délivrées gratuitement ou contre une somme minime aux fondateurs et leur assurent, à l'exclusion des autres, le droit de suffrage. Il s'ensuit que, dans les sociétés par actions américaines, l'état oligarchique est de règle, c'est-à-dire qu'une société par actions est dominée, « contrôlée » par un petit groupe d'actionnaires puissants, qui siègent eux-mêmes le plus souvent dans le conseil d'administration. Il faut ajouter encore que les fonctions de direction et de contrôle sont moins distinctement séparées qu'en Allemagne. Il n'existe pas de conseil d'administration véritable. La fonction de contrôle est confiée au *board of directors,* tandis qu'au contraire le véritable directeur de l'entreprise s'appelle *president.* Mais, justement, il n'y a pas de ligne de démarcation nette entre les deux fonctions. Dans une telle organisation, les directeurs sont le plus souvent fortement intéressés à l'entreprise par la propriété d'actions. C'est pourquoi l'administration n'est pas comme chez nous purement aux mains d'employés, — ce qui serait impossible en Amérique, où il manque notre éducation séculaire par le fonctionnarisme d'État.

Mais, ce qui est justement dangereux, c'est que ces directeurs gouvernent toute l'entreprise, tout en ne possédant qu'une partie extrêmement faible du capital total, c'est-à-dire seulement la majorité des actions ayant le droit de suffrage, pendant que tous les autres actionnaires sont totalement impuissants. Dans cette tendance à gouverner de grandes entreprises, en engageant un capital aussi faible que possible, les grands capitalistes américains se sont montrés des virtuoses et cela au moyen du système qui consiste à emboîter les entreprises les unes dans les autres (substitution des effets), dont nous parlerons encore plus loin ; par ce moyen ils dominent les branches d'acquisition les plus variées. Naturellement, ils profitent de ce qu'ils connaissent mieux les conditions de l'entreprise pour spéculer en Bourse. Ils peuvent déchaîner ou influencer la spéculation comme il leur plaît et les petits actionnaires en sont généralement les victimes.

Notre mode plus démocratique permet bien moins facilement d'acquérir le contrôle et d'en abuser, mais il a cet inconvénient de rendre la direction de l'entreprise dépendante de majorités accidentelles dans l'assemblée générale et, comme dans toute démocratie, on n'a naturellement aucune garantie que ce gouvernement de la masse, qu'une telle majorité accidentelle des actionnaires soit particulièrement compétente et serve les intérêts de l'entreprise. Mais, de même que la constitution la plus démocratique d'un État n'exclut pas en fait l'oligarchie, je veux dire l'oligarchie de ceux qui savent diriger la masse conformément à leurs désirs, de même, dans la société par actions, la domination effective est surtout facile, c'est-à-dire possible avec le capital le plus minime lorsque les actions sont réparties entre un très grand nombre de personnes.

C'est ainsi que se manifeste en Allemagne, depuis la révolution, le phénomène curieux d'une organisation moins démocratique des sociétés par actions, alors pourtant que la vie politique y est devenue plus démocratique. Cela tient au fait que, pour empêcher l'envahissement du capital étranger, pour prévenir le danger de « l'emprise étrangère », un grand nombre de sociétés ont émis des actions conférant un droit de vote plural (jusqu'à 30 suffrages), ce qui en général a eu pour effet de renforcer considérablement l'administration actuelle. Cela tient aussi au fait que, par suite des fluctuations actuelles de tous les prix et de l'incertitude de toutes les conditions économiques, les grandes transactions et spéculations, l'achat de groupes entiers d'entreprises par des producteurs enrichis ou des spéculateurs, sont bien plus fréquents qu'autrefois. Notre vie économique s'est, à cet égard, fortement américanisée, car aux États-Unis la spéculation sur les sociétés a toujours été très en vogue.

Mais, c'est précisément dans des périodes comme celle-ci qu'on constate d'ailleurs que ces différences juridiques dans la situation du conseil d'administration et celle de la direction ne sont pas, au point de vue pratique, aussi importantes qu'il pourrait sembler ; car, pratiquement, cette situation est très souvent déterminée par des considérations d'ordre personnel. C'est surtout dans ces périodes de spéculations et de crises que les « hommes » valent plus que les « règles ». Et la formule du « capitalisme impersonnel » ne doit pas faire oublier, — ce à quoi la classe ouvrière a une tendance —, que ce ne sont jamais que quelques personnalités peu nombreuses qui, malgré tout, dirigent les entreprises. Un directeur très capable et énergique peut à lui seul dominer l'entreprise, « avoir dans sa poche » le conseil d'administration et l'assemblée générale. Il peut n'en être pas moins un filou comme on l'a vu dans la fameuse société par actions pour le séchage du marc, où le directeur général Schmidt dominait le conseil d'administration et toute la direction de la *Leipziger Bank*. Mais aussi, il est très fréquent qu'un président du conseil d'administration influent et habile, en particulier lorsqu'il a été auparavant propriétaire de l'entreprise, soit le directeur effectif, surtout lorsqu'il a en face de lui des directeurs nouveaux ou moins expérimentés. En outre un simple membre du conseil d'administration, très souvent par exemple le représentant d'une grande banque, peut également avoir une situation prépondérante, exercer au moins une influence bien au-dessus de la normale. Et finalement, il arrive naturellement, même chez nous, que des personnes jusque-là étrangères, qui représentaient autrefois surtout une banque, mais qui représentent aujourd'hui surtout de grandes firmes commerciales ayant gagné des millions pendant la guerre, acquièrent subitement, par l'acquisition de nombreuses actions, une influence décisive sur la direction d'une société. On en a vu en Allemagne, en particulier dans les derniers temps, de nombreux exemples, dans les fusions et les « communautés d'intérêts ». Cela prouve encore une fois que l'on ne doit pas confondre la qualité d'entrepreneur avec la direction de l'entreprise, car celle-ci peut se trouver en fait aux mains de catégories très différentes de personnes. En définitive, c'est toujours l'énergie et l'habileté personnelle qui ont le dernier mot.

Le conseil d'administration est, en tout cas, l'organe de

la société par actions auquel ont trait, en Allemagne, la
plupart des projets de législation nouvelle. Il a d'après la
loi (parag. 246 du Code de commerce), à surveiller toutes
les branches de la gestion, à examiner les livres, les effets,
les marchandises et la caisse ; enfin à contrôler les comptes annuels et les bilans. Les attaques extrêmement nombreuses dirigées contre cette institution résultent de ce
que les différents membres empochent sans doute volontiers leurs tantièmes souvent très élevés, mais le plus
souvent ne sont pas en état d'empêcher les négligences ou
les détournements des employés. On a très rarement
réussi à rendre responsable de ces faits le comité de direction et le conseil d'administration. On demande très
souvent une garantie plus grande de la part du conseil
d'administration et l'on propose dans ce but la retenue
des tantièmes et d'autres mesures analogues. Mais c'est
trop demander des gens que d'exiger que le conseil d'administration doive découvrir toutes les supercheries habiles faites par des employés et en être rendu responsable.
Il est toutefois hors de doute que beaucoup de conseillers
d'administration pourraient prendre leurs fonctions plus
au sérieux et y apporter plus de soin. On a proposé pour
cela d'empêcher le cumul de différentes places de con-
seiller d'administration. En effet, il y a eu toujours des
personnes, surtout des grands banquiers qui se trouvaient
appartenir au conseil d'administration d'un nombre d'entreprises si considérable qu'il leur était impossible de s'occuper suffisamment de la surveillance de chacune. Mais il
y aurait des inconvénients à vouloir imposer des lois trop
schématiques. Car, enfin, l'assemblée générale, qui élit
les membres du conseil d'administration, a la faculté, en
partant de ce point de vue, d'exclure les personnes impro-

pres. En Allemagne, les relations de certaines personnalités avec l'entreprise, principalement leurs rapports avec les banques ou bien leur situation de directeurs de grandes usines de matières premières ou d'exploitation complémentaire jouent un rôle important. Par contre, en Allemagne, l'élection de personnes purement décoratives, par exemple de membres de la haute noblesse, comme il arrive très souvent en Angleterre, devient de plus en plus rare.

En principe, toute action confère le droit de suffrage (par. 252 du Code de commerce). Mais, en fait, il est permis d'émettre, même en Allemagne, plusieurs espèces d'actions jouissant de droits différents. Nous avons déjà parlé des actions ayant un droit de suffrage plural. Mais cela s'applique aussi à la répartition des bénéfices (par. 185). L'émission d'actions de priorité est courante, en particulier dans le cas où une entreprise qui se trouve dans une situation défavorable, veut augmenter son capital. Elles possèdent sur les anciennes actions (actions de première émission, dont elles proviennent souvent par « réunion »), le droit de percevoir un certain dividende avant les actions de première émission, parfois celui de le toucher dans la suite s'il ne peut pas être payé immédiatement. Il y a aussi des actions de priorité à intérêt fixe qui ne peuvent dépasser un dividende maximum. Leur émission, souvent avec droit de suffrage plural, a été, dans les derniers temps, fréquente. En Amérique, la distinction entre actions de première émission et actions de priorité est générale. Les premières sont souvent émises sans versement, si bien qu'il n'y a en somme que les actions de priorité qui représentent la valeur de l'entreprise. Celles-là sont l'objet favori de la spéculation. En Allemagne, il y a aussi des « parts de jouissance » qui ne représentent pas une part de la fortune de la société, mais seulement un droit à certains bénéfices.

Le droit de suffrage des actions donne lieu, en Amérique, à de nombreux abus. Afin de pouvoir contrôler une entreprise avec un capital aussi petit que possible, il n'y a qu'une certaine catégorie d'actions, par exemple, les actions de première émission, pour lesquelles peut-être il n'a été fait aucun versement, qui aient le droit de suffrage. Pour le trust du tabac, il a été émis : 56 millions de dollars à 6 % d'obligations de priorité ; 78,7 millions de dollars à 4 % d'obligations ; 80 millions de dollars d'actions de priorité ; donc : 214,7 millions de dollars de capitaux n'ayant pas le droit de suffrage, en face desquelles il n'y a que 40 millions de dollars d'actions de première émission qui, seules, ont le droit de suffrage.

La réunion de capitaux par émission d'obligations joue en Allemagne aussi un grand rôle, qui a pris dans les derniers temps, tout comme en Amérique, une importance fortement accrue.

Voici le montant des émissions d'obligations, non compris les obligations hypothécaires, faites en Allemagne, pendant une série d'années :

(En millions de marks)

1905	1906	1907	1908	1909	1910	1911	1912	1913
331	257	173	402	329	425	392	453	371

Dans le nombre se trouvaient aussi, il est vrai, des obligations de chemins de fer étrangers (russes et américains). En tout, le capital placé en obligations dans les industries allemandes comportait, d'après une statistique de 1910, 4 milliards de marks en chiffres ronds.

En Angleterre surtout, mais aussi en Amérique, les actions, aussi bien que les obligations, comportent de nombreuses catégories. Mais cela est très fâcheux et la législation devrait ne permettre que le moins possible de catégories ; car la coexistence de nombreuses catégories obscurcit les droits des actionnaires ainsi que des détenteurs d'obligations et les acheteurs de ces titres peuvent dans leur recherche d'un placement, être induits facilement en erreur. Le système de capitalisation de maintes sociétés par actions anglaises prête, à cet égard, particulièrement à critique, et il est tout à fait regrettable qu'en Allemagne aussi, dans les derniers temps, la création de nombreuses catégories d'actions obscurcisse la formation des capitaux de maintes grandes entreprises.

4. Importance des sociétés capitalistes dans l'économie nationale

Nous avons vu qu'avant l'apparition des effets, le nombre des sociétés était nécessairement fort limité et qu'elles empruntaient dans la plupart des cas la forme de la société commerciale ouverte, qui ne comprend qu'un petit nombre d'associés. On ne pouvait disposer des capitaux étrangers que si l'on jouissait de la confiance personnelle des capitalistes. C'est pourquoi même les corps publics ne pouvaient créer de grandes entreprises, puisqu'ils ne pouvaient disposer eux aussi que d'un capital limité par la voie du crédit. L'extension considérable des emprunts nationaux est liée elle aussi au développement des effets. Autrefois, il n'y avait donc pas de capital mobile au sens actuel du mot. La concession de crédit et l'obtention de crédit étaient une affaire toute personnelle. Les revenus épargnés se trouvaient, une fois placés, généralement immobilisés pour un temps assez long. Aujourd'hui, au contraire, on peut par l'achat d'effets placer à chaque instant, les plus grands capitaux et, par la vente, on peut, en un temps fort court, les transformer de nouveau en argent comptant. Quoiqu'en vérité, tout comme autrefois et même encore davantage (à cause du perfectionnement du mécanisme de l'argent et du crédit), chaque revenu épargné soit aussitôt transformé en moyen de production — car ce n'est qu'ainsi qu'il est productif — il reste cependant, étant représenté par les effets, aussi échangeable pour le propriétaire que s'il avait conservé la forme monétaire et il peut, à chaque instant, être retransformé en argent. Il faut se représenter ce mécanisme — et il suffit de feuilleter les manuels d'économie politique pour voir combien jusqu'ici on y a fait peu attention —, pour comprendre exactement le rôle des sociétés capitalistes.

Les conséquences de cette mobilisation du capital par sa représentation sous forme d'effets sont en effet de deux sortes : 1° ce n'est que de cette façon qu'il a été possible même aux entreprises les plus grandes de réunir leur capital ; 2° — ce qui n'est pas moins important, — ce n'est qu'ainsi que les bénéfices de ces grandes entreprises pouvaient échoir à un grand nombre de personnes. Pour ce qui est du premier point, on peut dire qu'aujourd'hui une société par actions peut réunir des capitaux aussi considérables qu'elle le désire dès que le but paraît quelque peu lucratif. Et pour peu qu'une société ait déjà fait ses preuves et remporté des succès, des masses énormes de capitaux affluent dans ses caisses dès qu'elle veut

.Liefmann. — *Entreprise.*   7

s'agrandir. Des milliers de personnes viennent mettre de l'argent à sa disposition et ceux qui jouissent d'une fortune importante peuvent participer ainsi à de nombreuses entreprises. Les sommes énormes qui ont été employées pour la construction des chemins de fer et pour d'autres grandes entreprises dans la seconde moitié du XIXe siècle n'auraient jamais pu être réunies sans l'existence des effets. Car l'État lui-même n'aurait jamais réuni les nombreux millions qu'il a aujourd'hui empruntés si la possibilité de vendre à tout moment ces obligations n'avait remplacé pour ses créanciers la faculté de réclamer leurs avances. Dans les sociétés par actions, la chance illimitée de gain donne une forte impulsion à la participation, la garantie limitée restreignant le risque de cette participation à l'apport de capital. Cette garantie limitée a énormément contribué à donner, à côté du crédit à intérêt fixe, une si grande extension à la participation aux bénéfices par acquisition d'actions. Aussi les sociétés capitalistes morcellent-elles le risque autant qu'il est possible de l'imaginer. Elles facilitent par tout cela l'introduction de nouveaux instruments de production et ont par suite favorisé au plus haut point le progrès technique et son application. Nous aurons encore à revenir sur l'impulsion considérable qu'a donnée à la spéculation et au jeu la possibilité de vendre les actions à tout moment en même temps que leur droit à des bénéfices variables.

En second lieu, l'importance des sociétés capitalistes réside dans le fait qu'elles font participer un grand nombre de personnes aux bénéfices des grandes entreprises rendues ainsi possibles. Avant l'apparition des effets, de grandes entreprises devaient être déjà rares pour cette raison que leurs bénéfices ne seraient allés qu'à peu de personnes. Pour citer un exemple : si toute la production industrielle en Allemagne n'était faite que par des Krupp, c'est-à-dire si toutes les grandes entreprises étaient comme celle-ci aux mains d'une ou de plusieurs personnes, un nombre infime de gens seraient énormément riches. La répartition des revenus serait très mal faite. Par les sociétés par actions, les bénéfices des grandes entreprises sont donc répartis entre un bien plus grand nombre de personnes. Comme de nouvelles grandes entreprises avec beaucoup de capitaux sont aujourd'hui nécessaires et prendront une extension de plus en plus grande, la société par actions, les effets, amènent une meilleure répartition des revenus. C'est également pour cette raison que l'extension générale de la grande exploitation dans l'industrie et les transports était liée au développement des effets. Ceux-ci ne constituent pas seulement le moyen de réunir de grands capitaux, mais encore de faire participer un grand nombre de personnes à de grandes recettes. Donc, comme aujourd'hui, par suite du progrès technique, de grandes exploitations sont absolument nécessaires, le principe des sociétés par actions, l'effet, amène une diminution de la prépondérance de la richesse dans le processus de production. Sans les sociétés par actions on aurait, dans tous les États industriels, la domination de quelques barons d'industrie bien plus absolue que celle de la classe la plus puissante, celle des grands propriétaires fonciers, dans un État agraire. Sans doute, les sociétés par actions peuvent remplacer la domination des grands industriels par celle de la finance qui, par son caractère de spéculation, peut être, au point de vue de l'économie nationale encore plus funeste. Nous aurons à y revenir plus loin.

La séparation totale entre la propriété et la direction de l'entreprise rendue possible par les effets ou, en d'autres termes, le fait que l'on peut, par l'acquisition d'actions, participer, à chaque instant, aux entreprises les plus diverses et abandonner, à chaque instant, cette participation pour la vente, a généralisé d'une façon extraordinaire la possibilité d'obtenir un revenu sans travailler. Qui pouvait, il y a cent ans, jouir d'un revenu sans travail personnel ? Seulement le grand propriétaire foncier en louant ses biens à des fermiers. Tout au plus encore le propriétaire urbain par la location d'appartements. Mais ces cas étaient beaucoup plus rares qu'aujourd'hui. En tout cas, ce ne pouvait être qu'un propriétaire de biens immobiliers. C'est pourquoi, jusqu'aux derniers temps, la propriété du sol était la seule forme de richesse héréditaire. L'aristocratie foncière, la seule forme d'aristocratie au sens social du mot, c'est-à-dire de couche sociale supérieure, dominait depuis des générations la masse du peuple. Celui qui avait hérité d'une maison de commerce, d'une exploitation industrielle devait continuer à la gérer lui-même. Comme cette capacité ne pouvait s'étendre à plusieurs générations, la richesse disparaissait. Les fortunes acquises dans le commerce et l'industrie ne pouvaient se maintenir que si elles étaient placées en propriété foncière. Ce n'est qu'ainsi que la fortune des Fugger et des Welser a duré des siècles.

Il en est tout autrement aujourd'hui ; un fabricant devenu riche fait de sa fabrique une société par actions ; il vend, s'il le veut, une partie des actions, place habilement sa fortune en effets, et ses enfants et petits-enfants jouissent sans aucun travail du revenu de ces effets. La fortune s'accroît même souvent, les actions augmentent

de valeur par suite d'amortissements au cours des années,
on émet de nouvelles actions que les actionnaires peuvent
souscrire en réalisant un gain sur le cours, bref, la sta-
bilisation d'une fortune par delà la mort de celui qui
l'a acquise, permettant d'avoir des revenus sans fournir de
travail, devient très courante par le fait du capitalisme
d'effets. Celui-ci est donc un moyen énormément efficace
de conserver la richesse à la classe qui la possède. C'est
ce qu'on avait à peine entrevu avant que je ne l'eusse
signalé il y a 10 ans, car on ne donnait pas une attention suffisante au capitalisme d'effets. Or celui-ci tend
indubitablement à accuser davantage les oppositions sociales. Par rapport au revenu du travail qui s'éteint à la mort
du travailleur, le revenu que l'on appelle « assis », fondé
sur la richesse, prend par les effets une importance toujours plus grande. La jouissance d'un revenu sans obligation de travail est d'autant mieux transmise aux héritiers que le système de la famille à un ou deux enfants
évite la division de la fortune. Cela peut paraître un
paradoxe, mais le système des deux enfants et le capitalisme d'effets sont des phénomènes corrélatifs. Plus le
premier se développe, plus l'extension de l'autre sera
grande. De là, par exemple, la faiblesse extraordinaire de
la natalité dans l'état typique de rentiers qu'est la France
et dans la population aisée aux États-Unis, où le système
des actions a pris la plus grande extension.

« Cette possibilité de participer par la possession d'effets
et sans aucun travail aux bénéfices de nombreuses entreprises a encore tout un nombre d'autres conséquences
économiques et sociales, bonnes et mauvaises. Elle fait
tout d'abord que tant de gens peuvent embrasser des
professions qui ne leur assurent pas ou qui ne leur assu-

rent qu'imparfaitement leur subsistance. L'encombrement des professions libérales résulte de là. De même l'encombrement dans les fonctions publiques ; ou, autrement dit, ce n'est que par l'extension considérable des revenus assis par suite du développement du capitalisme d'effets que l'État a pu donner des traitements si infimes à ses fonctionnaires relativement à leur situation sociale et qu'il a pu néanmoins voir affluer un si grand nombre de candidats. Pendant que d'un côté, il n'y a lieu que de se réjouir, au point de vue de la culture, de ce que tant de gens puissent se vouer à la production de biens immatériels, à des travaux scientifiques et artistiques — malheureusement ceux qui possèdent le talent ne sont pas toujours ceux qui possèdent la fortune —, par ailleurs une mise à contribution exagérée de forces de travail pour l'administration publique n'est nullement désirable et surtout l'économie nationale n'a naturellement pas intérêt à ce que, comme par exemple en Angleterre et aux États-Unis, de nombreux propriétaires ne fassent rien autre chose que détacher des coupons et tout au plus s'adonner aux sports ; car alors c'est le travail des autres qui doit pourvoir à leurs besoins. Il est donc certain que le capitalisme d'effets a pour conséquence d'accuser l'opposition entre ceux qui possèdent les effets et ceux qui n'ont que le revenu de leur travail. C'est pourquoi un impôt s'appliquant spécialement au revenu assis est aujourd'hui une institution nécessaire ; on peut même dire qu'un fort impôt sur l'héritage, progressif et général, est une exigence de justice sociale que tous les États seront obligés de satisfaire dans un avenir peu éloigné ».

Voilà ce que j'écrivais il y a 10 ans dans la première édition. Aujourd'hui, après la guerre, la révolution, tout le monde se rend compte des fautes d'omission commises à cet égard. Si on avait, avant la guerre, réalisé dans l'impôt sur le revenu et sur les fortunes, une progression plus nette, si on avait davantage développé l'impôt sur les héritages, si on avait, dans la suite, mis plus énergiquement à contribution les bénéfices de guerre, de la spéculation et du mercantisme, la classe ouvrière serait loin d'avoir donné, comme elle le fait aujourd'hui, dans des outrances oublieuses des réalités. Aujourd'hui les ouvriers ne croient pouvoir atteindre leur but légitime, la limitation des revenus ne provenant pas du travail, qu'en supprimant complètement le « capitalisme », c'est-à-dire tout l'ordre économique que nous avons eu jusqu'ici, et ils tiennent à l'idéal d' « une économie collective d'où sera exclue la plus-value » comme à un dogme religieux, sans avoir d'ailleurs jusqu'ici établi de nouveaux principes qui puissent supporter l'examen pour ce qui est de l'organisation et de la répartition dans cette économie collective. Nous y reviendrons au dernier chapitre.

Nous sommes donc en présence d'un fait dont l'exacte connaissance est extrêmement importante pour tous ceux qui veulent réformer la vie économique actuelle : la société par actions, l'effet en général, est sans doute de nature à faire participer un grand nombre de personnes aux rendements de grosses entreprises et elle exerce par là une influence heureuse au point de vue de la répartition des revenus ; mais cette heureuse influence est dans une certaine mesure contrecarrée par une autre, le système des effets donnant de grandes facilités et une grande extension à la transmission de la fortune par héritage et à l'obtention de revenus sans travail. A cette influence fâcheuse, on peut toutefois remédier, comme nous l'avons dit, en développant davantage les impôts directs.

Enfin, le développement des sociétés par actions produit une troisième modification dans les revenus. La grande exploitation qu'elles ont rendue possible a remplacé souvent les petits entrepreneurs indépendants, qui travaillaient à leur compte et à leurs risques, par des employés recevant un salaire. Le nombre des directeurs, des ingénieurs, des chimistes, des gérants, des caissiers, etc., qui, autrefois, seraient devenus souvent des entrepreneurs indépendants, tandis qu'ils restent aujourd'hui des employés dépendants, s'est trouvé considérablement accru. On se plaint souvent de cette augmentation des professions dépendantes, mais cette évolution a aussi certains avantages. La situation économique de ces personnes est aujourd'hui, dans la plupart des cas, plus sûre. De même que le petit artisan ou le boutiquier se trouvent souvent dans une situation moins favorable que l'ouvrier qualifié, il arrive de même que l'entrepreneur indépendant soit plus mal placé que l'employé supérieur bien appointé d'une société par actions. Celle-ci peut, par l'offre de traitements élevés, attirer à elle les gens les plus capables et les enlever non seulement aux situations indépendantes, mais encore aux administrations de l'État. Par ce fait, elles rendent la vie dure aux entrepreneurs indépendants, qui doivent souvent disparaître devant la puissance supérieure des grandes sociétés. De plus, celles-ci sont capables de soutenir des conjonctures défavorables beaucoup plus longtemps. Pendant des années, elles peuvent ne pas distribuer de dividende, fusionner les actions, et cela sans grand risque pour les actionnaires qui, d'ordinaire, ne mettent jamais tout leur capital dans une seule société. L'entrepreneur privé, au contraire, serait obligé, dans les mêmes circonstances, d'abandonner son exploitation.

Cependant cet accroissement de la classe dépendante recevant des appointements fixes n'est pas, à tous égards, désirable. La même tendance apparaît aussi par le développement des entreprises publiques et par l'augmentation des fonctionnaires. Au point de vue économique, cela peut conduire facilement à un affaiblissement de l'esprit d'entreprise. Dans certaines grandes entreprises, il peut se former une administration bureaucratique comme dans l'État. Le désir d'obtenir un traitement sûr soit par les fonctions d'État, soit dans les emplois privés peut détruire tout besoin d'activité propre. On ne peut nier l'imminence de ce danger chez nous en Allemagne où le fonctionnarisme est particulièrement recherché. Mais le phénomène contraire peut aussi se produire. Comme les directeurs des grandes sociétés, les directeurs de banques disposent de capitaux énormes sans risquer leur propre capital, l'esprit d'entreprise peut prendre des proportions exagérées. Chaque idée nouvelle peut se trouver exécutée sans avoir été auparavant suffisamment mûrie, de grands capitaux peuvent servir à lancer des inventions douteuses, les différentes entreprises cherchant à se dépasser dans la nouveauté.

Aujourd'hui on constate les deux. D'une part, le désir de sécurité amène souvent à demander la socialisation, dont une foi naïve à l'omnipotence de l'État croit encore, malgré les expériences du temps de guerre, qu'elle pourra mieux adapter la production aux besoins que le régime de désarroi actuel. D'autre part, nous voyons aussi, étant donné les fluctuations considérables des prix et l'incertitude générale de la vie économique, la spéculation prendre une extension énorme, en quoi le système des actions a toujours joué un rôle éminent. Je crois toutefois que, pour juger ce rôle et notre régime économique en général, il ne faut pas trop prendre comme base des conditions économiques aussi anormales, passagères du reste, semble-t-il, que celles qu'ont créées la dépréciation de l'argent et le traité de paix. Dans des conditions économiques normales, telles que celles d'avant-guerre, les grandes sociétés par actions étaient plutôt un facteur de stabilité dans la vie économique, et, dans ces conditions, on ne peut que se féliciter de voir le plus grand nombre de gens possible y participer.

Il reste, il est vrai, comme inconvénient de l'ordre économique actuel, ceci : on n'a aucune garantie que l'édification de ces entreprises soit adaptée aux besoins économiques, à la demande de produits. Ce n'est plus l'esprit d'entreprise d'un entrepreneur proprement dit possédant et risquant le capital qui détermine l'extension de la satisfaction des besoins, c'est ou bien le besoin d'activité de directeurs engagés et qui ne sont pas sans être eux-mêmes intéressés, ou simplement la masse du capital qui cherche un placement. Et nous en arrivons ainsi à une des conséquences les plus importantes qu'a déjà entraînée l'évolution des sociétés capitalistes et qu'elle entraînera peut-être bien plus encore à l'avenir. Si, dans les grandes entreprises actuelles, ce n'est plus l'esprit d'entreprise d'un individu qui les fait naître et provoque le progrès économique, si au contraire ces entreprises sont des établissements d'acquisition dans l'intérêt d'un grand nombre d'actionnaires, administrés exactement comme l'État gère ses administrations dans l'intérêt de la communauté, il en résulte que la force d'impulsion dans la vie économique ne vient plus de personnes ayant une aspiration propre à l'acquisition et un besoin propre d'activité ; ce sont les capitaux disponibles cherchant un placement, ce que l'on appelle le « capital mobile » qui donne l'impulsion à l'activité économique, à l'extension et au perfectionnement de la satisfaction des besoins. Et cela est en réalité une conséquence tout à fait générale et extrêmement importante des sociétés capitalistes modernes et du système des effets : il n'y a que le domaine des petites économies d'acquisition de l'artisan, du marchand, etc., où l'installation de nouvelles entreprises soit encore due au besoin d'activité et de gain de l'entrepreneur. Dans tous les domaines de la grande exploitation, les entreprises ne doivent leur formation qu'au besoin de faire fructifier des capitaux affluant de toutes parts, et réunis ensuite en un faisceau. Cette réunion s'effectue surtout par les banques. De là la grande influence qu'exercent les banques sur la création de nouvelles entreprises et qui est caractéristique de l'importance des sociétés capitalistes dans l'économie nationale. Les capitalistes, dans le système du capitalisme d'effets, ne fondent aujourd'hui plus eux-mêmes d'entreprises, mais leurs capitaux se rassemblent dans les caisses des banques, celles-ci les mettent ensuite comme bon leur semble à la disposition de nouvelles entreprises et les capitalistes participent à celles-ci par l'acquisition des effets que les banques leur offrent.

En soi, toute cette évolution ne mérite nullement un jugement défavorable. Après que l'ancienne régulation par la voie de l'autorité de l'accès aux différentes branches d'acquisition, telle qu'on la trouve dans les corporations, eût disparu, c'était uniquement, abstraction faite d'inclinations particulières, la perspective du plus grand gain possible qui déterminait l'individu à se tourner vers telle ou telle branche d'acquisition. C'était le seul régulateur qui adaptât l'offre des biens à la demande. Et à cela, les sociétés capitalistes n'ont rien changé. Mais, avec un petit nombre de grandes entreprises, il pourrait pourtant sembler plus facile d'adapter leur organisation et leur extension aux besoins effectifs de la consommation qu'avec un grand nombre de petites exploitations isolées. Néanmoins, on a vu partout que la création de grandes sociétés capitalistes n'est due, de nos jours, en première ligne, ni à l'esprit d'entreprise de certains individus, ni à la considération des besoins effectifs, mais qu'elle est décidée par la situation du marché de l'argent et du capital. En cela apparaît surtout le caractère du capital mobilier et la relation étroite qui réunit les sociétés capitalistes aux organes principaux du marché de l'argent et du capital, aux banques. Nous en sommes ainsi arrivés aux problèmes de la « fondation », qui comptent parmi les plus importants de l'entreprise moderne et de l'économie politique actuelle en général. Avant de passer à leur examen, considérons toutefois encore une répercussion des sociétés par actions qui est d'un tout autre domaine, le domaine politique.

La séparation entre la propriété et la direction de l'entreprise dans les sociétés capitalistes a eu également une grande importance au point de vue de la création d'entreprises allemandes à l'étranger. L'entrepreneur privé qui va à l'étranger avec son capital et sa force de travail, est ordinairement perdu pour l'Allemagne ; au contraire, les bénéfices des sociétés par actions créées à l'étranger retournaient, en règle générale, en Allemagne. Comme la richesse croissante de l'Allemagne en capital contribuait de plus en plus à ouvrir d'autres pays à la vie économique, et que là aussi où des marchandises pouvaient être exportées d'Allemagne, la législation économique des pays étrangers et la concurrence toujours croissante obligeaient à créer des entreprises étrangères, les entreprises sociétaires acquirent à cet égard une importance de plus en plus grande, surtout pour la construction de chemins de fer, les usines électriques et les mines. La *Deutsch-Ueberseeische Elektrizitätsgesellschaft,* qui possédait des établissements importants, principalement à Buenos-Ayres, était une des plus grandes sociétés par actions allemandes. Citons encore les chemins de fer d'Anatolie, les chemins de fer de Chantoung, les banques allemandes à l'étranger.

Une grande partie de cette propriété privée allemande a été pillée par les Anglais au cours de la guerre et est perdue pour nous. Mais rappelons combien notre avoir à l'étranger était faible, comparé à celui des Anglais, des Français, même des Belges et des Hollandais. Les Anglais en particulier ont, suivant un plan d'une envergure formidable, par la création d'entreprises à l'étranger, de chemins de fer, de mines, de plantations, etc., su imposer leur domination économique à la moitié du monde. Si les autres peuples voulaient un jour leur appliquer à eux-mêmes les méthodes de guerre contre la propriété privée introduites par eux, l'Angleterre perdrait la plus grande partie de sa richesse nationale.

5. La fondation des sociétés capitalistes

Par leur fondation, les sociétés capitalistes se distinguent essentiellement dans la plupart des cas, des entreprises individuelles et des sociétés personnelles ; et la cause de ces différences est encore le « capitalisme d'effets ». Les entreprises individuelles et les sociétés personnelles ont généralement des débuts modestes. Les secondes proviennent souvent des premières ; lorsque les affaires deviennent trop importantes pour une seule personne, on s'associe alors un compagnon ou bien les fils ou des parents. Ce qui caractérise par contre les sociétés capitalistes, c'est qu'elles ont, dès leur fondation, des proportions considérables. On choisit précisément cette forme, où de nombreux capitalistes coopèrent à l'entreprise, lorsque celle-ci nécessite de très grands capitaux ou que les risques, trop grands pour quelques personnes, doivent être répartis sur un grand nombre. Aussi les voyons-nous se former dans des entreprises comme les chemins de fer, les mines, les banques, les sociétés d'assurance. Plus tard, il est vrai, les sociétés par actions se trouvent fondées dans des cas où de telles raisons n'existent pas et il existe aussi ce que l'on appelle les fondations de famille, où les actions restent en quelques mains, par exemple Krupp. Mais ce sont des exceptions et l'on peut dire qu'en général le but de la division du capital en actions est d'attirer l'argent de différents côtés et de permettre à beaucoup de participer à l'entreprise.

Mais, au point de vue juridique également, la création d'une société par actions tient une place spéciale. C'est ce que l'on appelle la « fondation ». Le Code de commerce a réglementé exactement la fondation d'une société par actions, à cause des nombreuses conséquences juridiques qu'elle entraine. Et cette réglementation a des conséquences très grandes sur l'économie nationale. Il n'est peut-être pas de loi qui ait une action si considérable sur le développement de l'organisation économique que la loi sur la fondation des sociétés par actions. Car, — si exagéré que cela paraisse, — tout le développement du système bancaire allemand, si totalement différent du système anglais, provient de la forme différente de la fondation des sociétés par actions dans les deux pays. C'est à cause de leur importance économique que nous étudierons d'un peu plus près les dispositions légales concernant la fondation des sociétés par actions.

Le droit allemand reconnaît deux espèces essentielles de fondations pour les sociétés par actions : la « fondation simultanée », où les fondateurs prennent, dès le début, toutes les actions (par. 188 du Code de commerce) et la « fondation successive », où cela n'est pas le cas (par. 189). Le droit allemand, contrairement aux droits anglais et américain, rend la fondation simultanée presque seule possible, en prescrivant qu'une société par actions ne sera inscrite sur le registre du commerce et, par conséquent, n' « existera », c'est-à-dire ne pourra faire des affaires en son propre nom, que si toutes les actions dont la valeur n'est pas couverte par des placements immobiliers sont payées au moins jusqu'à concurrence du quart de leur valeur nominale (par. 195 sq.). Les personnes qui font des apports immobiliers et qui fixent les statuts de la société reçoivent de la loi le titre de fondateurs (p. 187). Les fondateurs n'ont pas besoin de payer eux-mêmes les actions au comptant. Mais s'ils ne le font pas, il faut que d'autres le fassent pour que la société soit inscrite sur le registre du commerce. De là la coutume, en Allemagne, que les fondateurs fassent également dès le début les versements exigibles (fondations simultanées).

On voit donc que le Code fait dépendre l'existence juridique de la société d'un acte économique, l'acquisition du capital. Ce capital doit consister en biens et en argent. Apporter de l'argent pour une entreprise, c'est ce qu'on appelle dans le langage technique la « financer ». La loi ne s'est pas servie de ce terme, qui est pourtant d'une importance considérable au point de vue économique. Celui qui finance est, par opposition au fondateur, celui qui verse son apport en argent (1).

Il en est tout autrement dans les législations anglaise et américaine. Il suffit simplement que quelques personnes se réunissent, déclarent fonder une société et se procurent la « charte de concession » (*charter*), pour que la société soit fondée, puisse faire des affaires en son nom, sans qu'un capital quelconque ait été versé, en dehors de versements minimes que les fondateurs sont obligés de faire. Ce n'est qu'ensuite que l'on s'occupe de rassembler le capital, en s'adressant au public : c'est la fondation successive. Il n'existe aucun doute sur la question de savoir quel procédé offre le plus de garanties. Dans

(1) Pour toutes ces discussions et en particulier celles des paragraphes suivants de ce chapitre, voir mon ouvrage : *Beteiligungs- und Finanzierungsgesellschaften*, étude du capitalisme moderne et du système des effets Jena 1921, où il a été tenté pour la première fois d'exposer d'une façon descriptive et systématique tous les phénomènes du système moderne des fondations et des effets. La théorie de la banque, qui est à la base des développements qui suivent, y est aussi exposée. (Chap. VIII).

l'intérêt de céux qui entrent en relations d'affaires avec une société par actions, la législation allemande exige l'acquisition complète du capital, avant de lui accorder la personnalité juridique. Cette disposition a pour conséquence que les fondateurs versent immédiatement tout le capital : c'est la fondation simultanée.

Comme nous l'avons déjà dit, cette circonstance a eu une influence considérable sur l'organisation des banques allemandes. Et cela de la façon suivante. La fondation simultanée exige des fondateurs la propriété de grands capitaux. Il s'ensuit que les banques et les grands banquiers ont dû surtout s'adonner à cette affaire. D'autres personnes ne pouvaient disposer du capital suffisant. En Angleterre et aux États-Unis par contre, la fondation successive, n'exigeant pas de capital propre, a pu se développer comme une entreprise particulière, indépendante des banques. D'où, en Angleterre, la séparation complète des affaires de fondation et des affaires de banque. Les banques anglaises sont simplement des banques de dépôt, tandis que, sur le continent, en Allemagne et en France, se sont développées les banques de fondation et d'effets, qui font, à côté des affaires régulières, c'est-à-dire des affaires de crédit à courte échéance, également des opérations de fondation ou financent des entreprises, qui réunissent de l'argent pour des sociétés par actions.

En Angleterre et en Amérique par contre, la fondation de sociétés par actions s'effectue par des entrepreneurs privés que l'on appelle *financiers* ou *merchants* ; c'est avec raison qu'on ne les dénomme pas *bankers*, car la caractéristique des banques au sens propre, c'est de se procurer elles-mêmes, par la voie du crédit que leur accordent des tiers, le capital qu'elles mettent à la disposition de leur client ; par suite la réunion d'affaires d'emprunts et de prêts : le commerce du capital monétaire. Les *financiers* par contre travaillent avec leur propre capital ; ils n'acceptent pas de dépôts. Cette distinction nette n'existe donc pas dans les banques continentales de fondation ou d'effets, qui acceptent également des dépôts dans une très large mesure.

Cette réunion des affaires de dépôt avec des affaires de fondation a ce défaut dont on a souvent parlé et très grave, que de telles banques sont d'une part, de par les affaires de dépôt, débitrices pour des prêts à brève échéance à elles consentis, tandis que, d'autre part, elles engagent leur argent dans des prêts à longue échéance, ou, même souvent sans faculté de retrait, dans des fondations. Elles enfreignent ainsi la règle fondamentale de toute affaire de banque, d'après laquelle le mode des affaires de crédit inscrites au passif, qu'elles soient à brève ou à longue échéance, doit déterminer celui des affaires inscrites à l'actif. Sans doute ces dangers sont atténués par le fait que les banques de fondation du continent travaillent avec un capital propre beaucoup plus grand que les banques anglaises de dépôt. Aussi bien ne devraient-elles faire d'affaires de fondation qu'avec ce seul capital, le capital provenant des dépôts ne devant être employé qu'à des placements à courte échéance. Mais la règle n'est pas toujours observée.

C'est un fait qu'aujourd'hui la très grande majorité des fondations de sociétés par actions se fait par ces banques de fondation. Même lorsqu'une entreprise déjà existante est transformée en société par actions, que par suite on fait surtout des apports de biens et qu'il n'est pas besoin d'un grand capital monétaire, les banques y collaborent

la plupart du temps. Car, si elles sont déjà nécessaires
pour l'acquisition de l'argent, pour financer, elles le sont
surtout pour l'opération qui vient immédiatement après,
l'émission. Les banques ou autres fondateurs ne veulent
en effet pas en règle générale, garder les actions ; financer des entreprises est pour elle une industrie ; elles
veulent vendre les actions en réalisant un gain. Voilà
pourquoi, après qu'une société par actions a été financée,
vient tôt ou tard l'émission des actions par la banque.
On s'est jusqu'ici tellement borné à ne voir que cet aspect
de l'activité des banques qu'on a désigné l'ensemble des
opérations faites par elles dans ce domaine comme affaires
d'émission ; or cela n'est pas exact. L'émission ne constitue qu'un aspect, l'aspect passif de leur activité par lequel
elles dégagent le capital engagé dans une société par
actions en vendant les actions au public. L'aspect actif
antérieur du placement de capital a été de financer. Les
deux activités doivent être complètement distinguées, ne
serait-ce que pour cette raison que le fait de financer s'accompagne le plus souvent, mais ne s'accompagne pas
toujours, d'une émission. Une banque garde souvent les
actions d'une société qu'elle a financée, elle ne les émet
pas parce qu'elle ne veut ou ne peut pas les émettre.
Elle ne veut pas les émettre parce qu'elle veut garder
par la propriété des actions une influence sur l'entreprise ;
elle ne peut pas les émettre parce qu'elle ne trouverait
pas acquéreur. Cela arrive pour des entreprises qui ont
besoin de longues années pour se développer, par exemple les mines ou bien pour celles de caractère purement
local ou qui se trouvent à l'étranger. Mais, lorsque la
banque émet les actions d'une société fondée par elle,
qu'elle invite donc le public à souscrire, elle cherche natu-

rellement à tirer le plus grand bénéfice possible. Elle pratique l'émission comme une industrie.

Ce phénomène de l'émission entraîne de nombreux abus qui se sont manifestés dans cette forme de l'entreprise. Ils résultent généralement de ce que le public n'est pas suffisamment informé sur la valeur des actions, c'est-à-dire sur les bases réelles de l'entreprise, de ce qu'il est même parfois dupé. Lorsqu'il est fait des apports en nature, par exemple lors de la transformation d'une fabrique déjà existante sous la forme d'entreprise individuelle en société par actions, il faut que ces apports soient estimés à leur valeur. Cela est difficile et par suite très arbitraire. Les fondateurs ont toujours la tendance à les estimer aussi haut que possible pour pouvoir émettre le plus grand nombre d'actions. Pour cette estimation, on se base naturellement sur les rendements moyens de l'entreprise pendant les dernières années. Mais il peut arriver que ceux-ci soient accrus de façon artificielle, ou bien on émet les actions après quelques années particulièrement favorables. La valeur des stocks de matière première et de marchandises apportés est également très difficile à estimer exactement. Ainsi il arrive souvent que le capital en actions ait été estimé trop haut ou que, en se fondant sur des rendements au-dessus de la moyenne, le cours des actions ait été calculé trop haut, ce qui entraîne, bientôt après l'émission, une forte baisse. Ces abus se sont surtout manifestés en Amérique, où la valeur du capital dans la plupart des nouvelles fondations est d'habitude estimée bien trop haut. On y émet, en règle générale, des actions privilégiées et de fondateurs, dont souvent les premières seules correspondent à la valeur de l'entreprise apportée, tandis que les autres ne correspondent le plus souvent à rien d'existant et ne reçoivent de dividendes que lorsque les affaires sont particulièrement prospères. Les actionnaires sont souvent dupés, par une estimation exagérée des apports en nature, voire même par des promesses et des indications fausses. Chez nous ces manœuvres sont rendues plus difficiles par les dispositions sévères de notre législation en ce qui concerne le contrôle des opérations de fondation et la responsabilité très grande des fondateurs, dont nous ne pouvons ici indiquer les détails (1). Mais elles ne peuvent pas empêcher une grande élasticité dans l'estimation des apports en nature, des machines, des marchandises et des matières premières, qui se révèle souvent par la suite exagérée. Ces dangers sont encore plus grands quand il s'agit de la fondation d'entreprises dont les succès ne peuvent être prévus, par exemple la valeur d'un nouveau brevet, qui, parfois, peut avoir été acquis à un prix beaucoup trop élevé.

Ainsi, la participation à une société par actions nouvellement fondée fait courir de nombreux risques. Si les actionnaires n'ont pas une idée exacte du genre de l'entreprise et ne peuvent s'informer, c'est un pur jeu de hasard. Mais, c'est justement ce qui attire souvent le capital et l'on voit, surtout en Angleterre et en Amérique,

(1) Ce sont en particulier les paragraphes 186 et suiv. du Code de commerce qui rentrent en ligne de compte, lesquels contiennent les conditions générales d'une fondation. Les paragraphes 192 et suiv. indiquent les prescriptions sur le contrôle de la fondation. Les paragraphes 202 et suiv. celles qui concernent la responsabilité des fondateurs et de ceux qui se chargent de l'émission. Ces prescriptions sont complétées par les prescriptions de la loi sur la Bourse : la déclaration obligatoire, la durée d'un an de la société par actions (seulement, il est vrai pour les sociétés nées de la transformation d'entreprises privées).

les entreprises les plus véreuses amasser des capitaux considérables, en promettant aux souscripteurs des dividendes extraordinaires. Il arrive même que les fondateurs exigent et obtiennent un agio important sur les actions et que, même si l'entreprise est un château de cartes, il puissent quelque temps, au moyen de cet agio, distribuer de hauts dividendes, émettre même de nouvelles actions bien au-dessus du cours et se procurer ainsi de nouveaux capitaux. Mais il arrive un moment où tout l'édifice doit s'écrouler. En Amérique, le contrôle insuffisant de la loi et la fureur de spéculation beaucoup plus grande du public rendent de telles entreprises beaucoup plus communes.

Car, naturellement, ceci n'est possible que grâce à la naïveté, le besoin de jeu et l'avidité du public. Avec quelle facilité on trouve des capitaux pour toutes les entreprises nouvelles, on a pu s'en rendre compte, il y a quelques années, par la fureur de fondations qui existait dans l'industrie de la potasse, où existait déjà une surcapitalisation sans précédents, ce qui n'empêchait pas que l'on créât toujours de nouvelles exploitations.

En dernière analyse, c'est donc le public lui-même qui porte la responsabilité des pertes qu'il subit par sa participation aux fondations par actions. Il devrait examiner exactement les conditions de l'entreprise. Il ne peut incomber à l'État de garantir aux capitalistes la sécurité de leurs placements ; l'État ne peut qu'empêcher les escroqueries, augmenter la garantie que doivent fournir les fondateurs, et donner au public la possibilité de se renseigner.

Mais, pour l'économie nationale, c'est un abus déplorable que beaucoup de fondateurs de sociétés par actions spéculent sur la naïveté et la soif de dividendes du public, fassent de la fondation de sociétés par actions une véritable industrie, dont ils tirent le plus grand bénéfice possible et qu'ils repassent ensuite au public. Il est vrai que les banques sérieuses se gardent de telles opérations, parce qu'elles nuiraient ainsi à leur crédit ; les capitalistes plus clairvoyants refuseraient de leur prêter de l'argent.

Il n'en reste pas moins inquiétant et c'est là un des plus grands inconvénients au point de vue économique de la société par actions, que les fondateurs considèrent beaucoup moins les besoins réels qu'a l'économie nationale de nouveaux produits, que le succès momentané de l'émission des actions. Voilà pourquoi les fondations se multiplient par exemple aux époques de conjoncture favorable, la mise à contribution du capital est excessivement exagérée, surtout en Allemagne, où les fondateurs sont dans l'obligation de verser tout le capital, ce qu'ils font le plus souvent avec le crédit des banques, lorsque ce ne sont par les banques elles-mêmes qui font des fondations. Tout ceci contribue beaucoup au taux énorme de l'escompte que nous avons ensuite et la pénurie de capital qui en résulte peut mettre un terme à la conjoncture favorable. Ainsi un excès de fondations peut contribuer à provoquer une crise. Le capitalisme d'effets a donc pour conséquence que la tendance privée au gain n'est nullement le meilleur régulateur de la formation du capital dans l'économie nationale ; les fondateurs n'attendent pas leur gain du rendement effectif des entreprises, mais de l'émission, dont le succès dépend de l'état d'esprit du moment sur le marché du capital. Mais aurait-on un meilleur régulateur, si l'ensemble de la production et de la demande était réglementé par les pouvoirs publics, suivant l'idéal du socialisme ? Cela n'est jusqu'ici nullement vraisemblable, et encore moins prouvé (voir à ce sujet : Chap. IV).

6. Les sociétés capitalistes et la Bourse

Nous en sommes ainsi arrivés à cette organisation économique qui est aujourd'hui de la plus haute importance, en ce qui concerne la place que prennent les sociétés par actions dans la vie économique moderne, à la Bourse. Les conséquences économiques des sociétés par actions, et en général de tout le système des effets ne sont compréhensibles, que si l'on voit les relations étroites qu'elles entretiennent avec la Bourse. Sans doute toutes les actions de sociétés par actions ne sont pas mises en Bourse, mais cependant la plupart eu égard à la somme du capital et celles qui se répandent davantage dans les couches les plus étendues de la population. La Bourse est le marché par l'intermédiaire duquel les effets changent de propriétaire et un marché aussi centralisé n'existe pour aucune autre marchandise. Ce marché est aussi, vu son importance économique extraordinaire, l'objet d'une législation étendue ; seuls les effets officiellement admis peuvent avoir cours en Bourse, officiellement du moins. Ce sont les seuls pour lesquels il soit établi des cours quotidiens officiels. Or c'est précisément cette cote qui a une très grande importance pour les propriétaires d'effets. C'est par là seulement que les capitaux engagés dans une entreprise sont véritablement mobilisés à un haut degré. Le propriétaire peut les vendre à chaque instant à la Bourse. Les capitaux les plus considérables peuvent être ainsi à chaque instant retirés et mis dans de nouvelles affaires.

Aux sociétés qui ne sont pas admises à la cote ne participent le plus souvent que des capitalistes qui ont une certaine connaissance d'une industrie et qui veulent généralement un placement durable pour leurs capitaux. Mais le trait caractéristique de l'union entre les sociétés par actions et la Bourse est de réunir dans des buts d'entreprise des capitaux considérables, qui ne cherchent pas un placement durable, mais un placement passager, dans le but de spéculer, de profiter des fluctuations du cours. Cette spéculation en Bourse s'étend, naturellement, plutôt aux actions qui, à cause de leur rendement variable, sont soumises à de grandes variations de cours qu'aux obligations rapportant un intérêt fixe. C'est justement la spéculation sur les actions qui a une si grande influence sur le rôle économique de la société par actions.

Une grande partie des dangers et des inconvénients des sociétés par actions viennent de la Bourse, ou plus exactement, de la spéculation en Bourse. Ils proviennent de ce que l'on n'achète pas des actions dans le but d'avoir un placement durable, qu'il ne s'agit pas d'une participation véritable à une entreprise, mais seulement d'un gain à réaliser sur la hausse ou la baisse. Les spéculateurs ne portent aucun intérêt véritable à l'entreprise, à son succès, à sa direction ; ils espèrent seulement une hausse rapide qui leur permette de réaliser un gros bénéfice. Au besoin, ils feront la même chose pour plusieurs entreprises et ils essaieront, s'il est nécessaire, d'influencer eux-mêmes la cote, en répandant des bruits favorables s'ils veulent vendre ou défavorables s'ils veulent acheter. Quelquefois, ils s'efforcent, dans leur intérêt, d'acquérir une influence sur l'administration. Cela arrive lorsqu'ils parviennent, au moins momentanément, à avoir en main la moitié des actions d'une société et à acquérir ainsi le contrôle. Notamment en Amérique, les gros capitalistes exploitent ainsi pour leur spéculation leur situation influente dans beaucoup de sociétés par actions. Par l'établissement de bilans favorables, par la distribution de dividendes élevés, ou bien simplement en achetant eux-mêmes leurs actions et en répandant des bruits favorables, par exemple de fusion avec d'autres entreprises, ils parviennent à faire monter le cours, vendent aussitôt avec bénéfice et cherchent ensuite à le faire baisser pour pouvoir racheter à meilleur marché possible. Les-petits actionnaires sont généralement les victimes de ce manège.

Je ne veux pas décrire ici ces manipulations des cours, comme elles ont lieu très souvent en Amérique. Disons seulement qu'un grand nombre de milliardaires américains n'ont pas acquis leur fortune par la production ou par quelque autre activité économique, mais uniquement en spéculant en Bourse et en influençant les cours de leurs propres entreprises. Ils utilisent leurs recettes et la puissance dont ils disposent dans leurs entreprises pour mettre sous leur contrôle des industries toujours nouvelles. C'est surtout ce qu'a réussi à faire le groupe de personnes qui se trouve à la tête du trust du pétrole. Ils ont d'abord étendu leur domination sur des banques et des sociétés d'assurance, avec le capital desquelles ils ont ensuite mis sous leur contrôle des chemins de fer, des lignes de tramways, des usines à gaz et des usines hydrauliques, des mines, le marché du métal, etc. L'influence de ces groupes capitalistes s'accroît ainsi comme une avalanche et l'on prétend que les quelques personnes qui forment le groupe du Standart Oil contrôlent 1/9° de la richesse nationale des États-Unis, c'est-à-dire

12 milliards de dollars de capital. Pendant la guerre, l'influence économique de ce groupe a été encore de beaucoup dépassée par la domination financière du groupe Morgan, qui est aujourd'hui le groupement capitaliste de beaucoup le plus puissant du pays, et qui naturellement, comme il est d'usage dans une démocratie, exerce une influence considérable sur le gouvernement et la politique. Le fait que le peuple américain tolère cette domination financière de quelques-uns est caractéristique et il tient à ce que ces capitalistes savent laisser au peuple l'apparence de la liberté et de la disposition de lui-même.

Et chez nous aussi, la spéculation sur les actions joue un très grand rôle et des couches bien plus étendues de la population qu'on ne croit généralement, y prennent part. Certes, les intéressés prétendent toujours que cette spéculation est utile au point de vue de l'économie nationale, car elle amène l'égalisation des prix. Si cela est vrai, dans une certaine mesure, de la spéculation sur les marchandises, cela n'a aucune importance en ce qui concerne les effets. L'égalisation des prix par la spéculation sur les actions ne s'étend tout au plus qu'à un intervalle de temps très court, une semaine peut-être ou un mois. Si l'on considère des espaces de temps plus longs, la spéculation sur les actions aggrave les différences de prix, car elle favorise l'alternance entre la baisse et la hausse, selon que la conjoncture est favorable ou défavorable. Ici aussi il importe de combattre une opinion très répandue d'après laquelle l'intérêt de l'économie nationale serait un cours aussi élevé que possible des actions d'entreprises sociétaires. L'économie nationale a seulement intérêt à ce que le capital réellement engagé travaille au moins avec le rendement économique moyen, car si cela n'est pas, c'est une preuve que ces capitaux auraient pu, placés dans d'autres branches d'acquisition, obtenir un rendement plus élevé. Mais, le rendement restant le même, l'économie nationale n'est pas plus riche si les actions d'une entreprise sont cotées à 200 ou à 300 %, pas plus qu'elle ne s'enrichit si je puis maintenant vendre à 300 % des actions que j'ai achetées à 200 %.

La possibilité d'obtenir ainsi des bénéfices sans travailler pousse beaucoup de gens dans les bras de la spéculation sur les actions. Il est très difficile de réagir par des mesures légales. En soi, il n'y aurait pour l'économie nationale aucun inconvénient à de sévères mesures légales — l'économie nationale n'a vraiment aucun intérêt à ce qu'il y ait journellement un grand trafic de valeurs — ; le seul danger des restrictions légales, c'est de faire passer à l'étranger les spéculateurs. Car il n'en est pas moins joué et il vaut encore mieux que ce trafic d'effets se fasse dans des bourses allemandes où les dispositions sont plus rigoureuses et les affaires plus honnêtes au lieu d'augmenter par des capitaux allemands l'importance des bourses étrangères et d'obliger de grosses sommes destinées à des provisions ou à des pertes éventuelles à émigrer à l'étranger.

Nous allons étudier maintenant une des questions les plus intéressantes et les plus difficiles du système des actions : celle de la fixation légale du montant minimum de chaque action. Sur ce point, il y a de grandes divergences entre la législation des différents pays. En Allemagne, le montant nominal de l'action est fixé à 1.000 marks et il doit, contrairement à la législation suisse, être payé intégralement avant qu'on puisse émettre de nouvelles actions. Seulement dans des buts d'utilité publique et, tout dernièrement, pour les sociétés coloniales, le montant nominal peut être fixé à 200 marks. Autrefois, en Allemagne, l'action courante était de 100 thalers. L'élévation du montant minimum fut la conséquence des nombreuses sociétés véreuses qui furent fondées dans le commencement des années *soixante-dix*. On pensait qu'une société par actions était toujours une entreprise comportant de grands risques et l'on voulait ainsi détourner les petits capitalistes de la spéculation. Mais, tous les autres pays qui ont une économie développée ont des actions beaucoup plus minimes. En Angleterre, la normale est l'action d'une livre sterling ; mais les actions de 10 schillings sont aussi très communes. En Amérique, il existe des actions de 1 dollar. La question de savoir si, en Allemagne également, il était utile d'abaisser le montant minimum des actions a été, il y a déjà longtemps, résolue par l'affirmative au Parlement par Georges von Siemens, qui était alors directeur de la *Deutsche Bank*. Et, en effet, une quantité de raisons semblent militer pour ce point de vue. Il est vrai qu'on ne devrait jamais descendre au-dessous de 100 marks et il faut tenir compte aussi de ce que 1.000 marks n'ont plus aujourd'hui que la valeur de 10 marks d'avant-guerre. La crainte que cela contribue à étendre le domaine de la spéculation ne me paraît pas fondée. Celui qui veut spéculer à la Bourse peut le faire déjà actuellement et ce n'est pas l'action de 1.000 marks qui l'en empêche. On emploie pour cela différentes méthodes. Il y a de nombreux établissements qui se dénomment banques et qui se contentent d'une petite avance et essaient ainsi d'attirer à la Bourse de petits capitalistes non expérimentés ; ou bien on fait des affaires à terme où l'on paie seulement la différence entre le prix d'achat et le prix de vente. Bien qu'elles soient défendues par la loi pour ceux qui ne sont pas commerçants, elles jouent cependant un grand rôle. Ou bien comme le font surtout les petits employés de banque, on spécule sur des actions qui ont un cours très bas, si bien qu'avec quelques centaines de marks on peut déjà acheter un certain nombre de ces « valeurs ». Ou bien, enfin, — et c'était autrefois la chose la plus importante — on ne spécule pas du tout dans les Bourses allemandes, mais à l'étranger principalement sur les actions à 10 marks des mines d'or de l'Afrique du Sud où les frais de timbre et autres sont souvent moins élevés. Donc, qui veut spéculer, y arrive. Je ne crois pas que l'abaissement du montant minimum des actions à 100 marks augmente la spéculation en Allemagne. Par contre, il rendrait possible à une partie plus grande de la population le placement de capitaux dans des actions sérieuses. Par là, l'opposition entre les propriétaires de capitaux et ceux qui n'en possèdent point diminuerait quelque peu et la catégorie des premiers augmenterait.

Il est vrai que nous n'en sommes pas aussi loin qu'en Amérique, où les ouvriers, malgré les risques beaucoup plus grands, sont souvent actionnaires des sociétés où ils travaillent, et spéculent également sur les actions. Mais il n'en serait pas moins souhaitable que la propriété d'actions ne soit pas réservée à un petit nombre de gens riches : en Prusse, une statistique datant de quelques années montre que le nombre des possesseurs d'actions ne représente que les deux centièmes de la population soumise à l'impôt sur le revenu. Conjointement à une surveillance plus sérieuse des grandes entreprises par l'autorité publique, des actions de sociétés sérieuses, ayant fait leurs preuves, naturellement pas de sociétés nouvelles, pourraient servir de placements aux petits capitalistes, surtout aux nombreux employés des entreprises sociétaires. La création d' « actions ouvrières » spéciales, qui a été assez souvent proposée dans les derniers temps, est-elle opportune ? Cela me paraît douteux. Elles ne servent à rien lorsqu'on manque absolument de toute compréhension pour l'organisation capitaliste, comme c'est le cas aujourd'hui pour les ouvriers allemands et russes, prisonniers de fausses théories économiques et d'une idéologie fausse. Ils ont d'abord à acquérir cette compréhension et nous souhaitons que les conseils d'exploitation et la représentation des ouvriers au conseil d'administration des sociétés par actions y contribuent. Lorsqu'au moins une élite d'entre eux aura appris à comprendre un peu le « capitalisme », ils demanderont eux-mêmes sous une forme ou sous l'autre une participation aux entreprises qu'ils sont admis à contrôler.

Le développement du système des actions en Amérique montre qu'il tend à s'étendre à une fraction toujours plus grande de la population. Bien que, dans ce pays, les sociétés par actions soient beaucoup moins sérieuses, la législation plus mauvaise et l'influence de la spéculation plus grande et, par conséquent, la participation moins sûre, l'acquisition d'actions a pénétré dans une partie toujours plus grande de la population. Mais, plus les conditions économiques d'une branche d'entreprise deviennent stables, plus on arrive, par des cartels par exemple, à empêcher les grandes fluctuations de la conjoncture, plus il est désirable aussi que la participation aux sociétés par actions s'étende. Il y a aujourd'hui déjà un grand nombre d'entreprises bien gérées qui sont en état de distribuer des dividendes réguliers. Une preuve que les risques de la participation à de telles sociétés ne sont pas plus grands que ceux que courent beaucoup de papiers d'États étrangers bien cotés se trouve dans l'intérêt que ces actions servent, par rapport à leur cours. Le rapport entre les dividendes et les cours des actions de nos grandes banques, de nos sociétés d'électricité, de nos sociétés minières, de nos sociétés d'affrètement, de nos fabriques de produits chimiques est tel qu'elles donnent à peine une rente de 5 %, rente que l'on obtient avec des emprunts d'État ou des compagnies de chemins de fer étrangères dont les actions se trouvent souvent aux mains de petits capitalistes. Et c'est surtout le cas lorsqu'on choisit un moment favorable pour l'achat des actions et qu'on ne se les procure pas au moment où la conjoncture est la plus haute.

Il n'en reste pas moins que la spéculation sur les actions est un des côtés les plus sujets à caution de ce système et que sa limitation progressive est un des problèmes les plus difficiles d'une politique économique cherchant à atteindre une plus grande sécurité et, par là, une plus grande uniformité. Nous sommes aujourd'hui encore très éloignés de la solution de ce problème et elle est d'autant plus difficile que chaque État, pris isolément, ne peut pas faire grand'chose et ne doit pas, dans son propre intérêt, perdre contact avec les marchés d'effets internationaux.

7. LES TENDANCES LES PLUS RÉCENTES DE L'ÉVOLUTION DES SOCIÉTÉS CAPITALISTES. COMMUNAUTÉS D'INTÉRÊTS ET PARTICIPATIONS.

Par l'évolution des sociétés capitalistes l' « entrepreneur » en tant que facteur économique est de plus en plus remplacé par l' « entreprise ». Ce n'est pas que la la personnalité du directeur, sa capacité et ses connaissances soient de moindre importance. Au contraire, plus les entreprises s'agrandissent, plus il est difficile de trouver des personnalités qui soient en mesure de dominer du regard les entreprises gigantesques modernes, de les diriger et de les organiser rationnellement. Ces directeurs ne sont pas en règle générale des entrepreneurs, mais bien des employés de l'entreprise. Le système des effets a contribué à donner au capitalisme impersonnel une extension toujours plus grande, et ce développement est sans cesse croissant. Depuis un certain temps, une tendance se manifeste tout particulièrement, à appliquer également entre plusieurs entreprises les principes de répartition du risque et du rendement qui sont à la base du capitalisme des effets. Cela se fait par le système des communautés d'intérêts et des participations. Des communautés d'intérêts, nous avons déjà parlé plus haut (chap. I, 6). Elles servent aussi bien à la concentration « horizontale » que « verticale », à restreindre la concurrence entre entreprises de même nature aussi bien qu'à grouper des stades de production tributaires l'un de l'autre ; dans les deux cas, la tendance est d'appliquer aussi parfaitement que possible le principe économique, même entre entreprises qui restent encore indépendantes. Il est bien permis de dire qu'elle est aussi de rendre plus difficile la socialisation de certaines branches de production, dont on craint, à juste titre, qu'elle ne compromette la situation de l'Allemagne sur le marché mondial.

La participation d'une entreprise à une autre par voie de propriété d'actions est susceptible d'une application bien plus générale, bien qu'à peu près limitée aux entreprises sociétaires. Elle a pris actuellement déjà une telle extension qu'on peut aller jusqu'à dire qu'il y aura peu de sociétés par actions d'une certaine importance qui ne participent pas à d'autres entreprises par la possession d'effets. On a ainsi une *liaison* très étroite entre les grandes entreprises, qui sert surtout à l'égalisation et à la répartition du risque dans l'économie nationale. A côté des « fusionnements » qui réunissent deux ou plusieurs entreprises de même nature ou de nature différente, à côté des cartels et des trusts qui servent à annihiler la concurrence dans toute une branche industrielle, les participations apparaissent comme une forme plus lâche de liaison entre plusieurs entreprises. Mais elle est susceptible d'être universellement employée à cause de la large extension du système des actions.

Par le moyen de la participation peuvent naître des rapports de nature très différente, qui sont naturellement d'autant plus étroits qu'une société possède une partie plus grande du capital de l'autre société. La possession d'une minorité des actions d'une autre société n'a souvent d'autre but que de donner un droit de regard ; ou bien on veut participer au rendement d'entreprises qui fournissent la matière première ou qui emploient vos propres produits. L'acquisition d'une minorité importante d'actions a déjà toutefois souvent pour but d'exercer une influence déterminante sur d'autres entreprises. Cette influence est complète lorsque l'une des sociétés possède la majorité des actions d'une autre. On parle alors, suivant une expression courante en Amérique, de « contrôle ». Mais pareil contrôle d'une société sur une autre par possession d'actions est chez nous aussi très fréquent de nos jours. Il n'est pas même besoin de posséder une majorité effective d'actions, car dans les assemblées générales, toutes les actions ne sont pas d'ordinaire représentées. Mais en Amérique, il suffit souvent d'une quantité d'actions relativement très infime, car le capital y est généralement morcelé en actions de fondation et en actions privilégiées, et le plus souvent il n'y a qu'une de ces catégories qui ait le droit de suffrage.

Il n'est pas rare qu'une société possède aussi la totalité du capital d'une autre. Il y a alors, d'après les conséquences extérieures, pour ainsi dire une fusion, à cette différence près que l'union peut être dissoute à tout moment. Cette relation a aussi la conséquence sur laquelle nous reviendrons plus bas, que l'une des sociétés ne possède que le capital en effets de l'autre et que celle-ci subsiste encore extérieurement comme personnalité autonome et qu'elle a en sa possession le capital immobilier. La première ne perçoit donc que les bénéfices de l'autre sans être responsable de ses dettes. Tout cela, et aussi les frais d'une fusion complète, fait que de telles participations par possession de toutes les actions d'une autre société sont fréquentes. Et même, les rapports juridiques en question font que des entreprises, au lieu d'étendre leurs propres affaires, en particulier lorsqu'il s'agit de projets dont le succès est incertain, par exemple l'exploitation de nouvelles inventions, préfèrent créer une société par actions ou une société à garantie limitée qui leur appartienne, à laquelle elles participent (*sociétés filiales*).

D'après la nature des entreprises qui sont ainsi réunies par participation, on peut distinguer différents buts de participation qui sont les suivants :

1° *Entre les entreprises de même espèce.* — Cette participation a pour conséquence la diminution de la concurrence entre elles et d'autant plus que l'une des entreprises est intéressée à l'autre par la possession d'actions. Dans le cas extrême où il s'agit d'un véritable contrôle, la participation devient ce que l'on appelle une communauté d'intérêts, dans laquelle les bénéfices de deux ou de plusieurs entreprises se trouvent réunis et partagés selon une certaine proportion, le plus souvent d'après l'importance du capital en actions. On atteint le même but par une participation au moyen d'une possession réciproque d'actions et c'est ce que nous trouvons aussi dans beaucoup de communautés d'intérêts, par exemple, dans l'industrie chimique, dans celle qui existe entre les fabriques de couleurs de Höchst : la firme Casselle et Cie et la société par actions Kalle et Cie.

2° *Participations entre entreprises tributaires l'une de l'autre*, c'est-à-dire avec des entreprises qui livrent la matière première ou qui se servent des produits fabriqués, ou bien entre sociétés qui collaborent dans la préparation d'un produit et qui ont, par conséquent, beaucoup d'intérêts communs. Là aussi, la simple participation mène souvent à de véritables communautés d'intérêts et parfois même à la fusion ou à la constitution d'une entreprise de production commune, comme par exemple les *Siemens-Schuckert-Werke G. m. b. H.* constituées par *Siemens u. Halske* et par *Schuckert A. G.*

3° Une autre espèce de participation est celle des *banques aux entreprises qu'elles ont fondées*. Elle est la conséquence de l'évolution récente du système de fondations allemand. Les grandes banques fondent souvent aujourd'hui des sociétés par actions, dont elles ne peuvent émettre les actions dans un laps de temps dont on puisse prévoir la durée, par exemple, les fondations à l'étranger, notamment de sociétés minières, ou encore des entreprises qui ont besoin de beaucoup de temps pour se développer comme les mines (potasse et pétrole), les chemins de fer, ou encore les sociétés pour l'acquisition de terrains. Bien que les banques sérieuses ne doivent placer tout au plus qu'une partie de leur capital propre, mais jamais des capitaux étrangers, dans de telles fondations, celles-ci n'en jouent pas moins aujourd'hui un rôle très important dans beaucoup de banques, surtout dans l'industrie du pétrole.

4° Très importante aussi est la *participation d'entreprises à leurs propres filiales*. Ces relations ressemblent à celles qui existent entre les banques et les entreprises qu'elles financent. Aujourd'hui, il n'y a pas que les banques qui fondent de nouvelles entreprises ; mais, dans quelques branches de l'industrie, il existe de grandes entreprises qui, dans des buts particuliers, fondent elles-mêmes des filiales. Ce cas est répandu surtout dans l'industrie électrique. Le développement considérable de la technique électrique a eu pour conséquence que les grandes fabriques se sont mises à faire, à côté de leurs affaires de fabrication, des affaires d'entreprise, c'est-à-dire qu'elles ont établi la lumière et la force électrique, non plus seulement sur commande, mais à leur propre compte. Dans la plupart des cas, on a créé des sociétés particulières. Cependant, le plus souvent, on ne pouvait émettre immédiatement les actions dans le public. C'est pourquoi les grandes sociétés de fabrication pour l'industrie électrique sont plus ou moins intéressées à de telles filiales. Il en est de même des grandes sociétés de construction de chemins de fer, qui se sont souvent lancées dans la construction de chemins de fer d'intérêt local dans le pays même et à l'étranger, d'où le plus souvent la création de sociétés par actions auxquelles la société de construction reste intéressée. En outre, beaucoup de branches d'industrie ont été obligées de créer à l'étranger des filiales auxquelles l'entreprise-mère allemande participe. La législation douanière en Amérique, la législation des brevets en Grande-Bretagne, ont rendu nécessaire la création de fabriques étrangères séparées, qui, dans beaucoup de cas, ont pris une telle extension qu'elles dépassent en importance l'entreprise-mère.

La tendance générale actuelle est de confier l'exploitation de nouvelles inventions techniques, de nouveaux procédés de production à des filiales créées uniquement dans ce but. Par ce moyen, les risques de l'entreprise-mère se bornent à l'apport et, de plus, l'exploitation de la nouvelle entreprise étant tout à fait distincte de l'ancienne, celle-ci n'a besoin de communiquer à ses actionnaires que les résultats et non les détails de leur administration.

Le principe de la participation joue aujourd'hui dans quelques branches d'acquisition un tel rôle que, dans nombre de grandes entreprises, les participations représentent, aussi bien sous le rapport des dimensions que des rendements, des sommes plus grandes que leur propre capital immobilier. Il est vrai que la plupart des entre-

prises ne distinguent pas d'habitude leurs bénéfices provenant de participations de ceux qui proviennent de leur
propre exploitation. La société par actions Ludwig Löwe
et Cie, par exemple, n'a dans son bilan que 12 millions 2
de marks de biens fonciers, bâtiments, installations, matières premières et marchandises et 20 millions de marks
d'effets et de participations, le capital-actions étant de
10 millions de marks et les obligations de 8 millions. Les
fabriques de colorants réunies d'Elberfeld ont un bilan
comportant 5 millions 5 de marks de biens fonciers,
600.000 marks de stocks, d'autre part, 8 millions 6 de
marks de participations et 16 millions 1 de marks d'effets,
le capital-actions étant de 15 millions de marks.
La filature Stöhr et Cie, avec un capital en actions de
12 millions de marks, participait à d'autres entreprises,
en particulier à une filiale américaine, pour 13 millions
de marks, tandis que ses propres établissements ne figu-
raient dans le bilan que pour environ 7 millions de marks.

Il y a même des entreprises qui ont abandonné complètement ou presque complètement leur propre production ;
elles ne produisent que par des filiales auxquelles elles
participent. C'est le cas, par exemple, en partie, pour
la société par action Siemens et Halske qui a abandonné
toute sa fabrication de machines électriques à haute tension aux *Siemens-Schuckert Werke G. m. b. H.* Les
bénéfices provenant de la fabrication qu'elle s'est encore
réservée ne sont pas présentés isolément, ils sont confondus avec ceux qui proviennent de participations, ce qui
ne devrait pas être permis ; mais les premiers sont en tout
cas considérablement inférieurs. La société Schuckert a
complètement abandonné sa propre fabrication ; son capital en actions de 60 millions de marks et 57 millions

d'obligations, abstraction faite de quelques usines d'électricité qu'elle gère elle-même, est entièrement placé en participations, et cela 44 millions 95 dans les usines Siemens-Schuckert, plus 35 millions de prêts qu'elle leur a consentis, et 40 millions 9 dans d'autres participations.

Enfin, il y a des sociétés qui ne sont fondées que dans le but de participer à d'autres. On peut les appeler sociétés de participation, c'est-à-dire des sociétés dont le seul but ou tout au moins le but principal est de participer à d'autres par la propriété d'effets. Ces sociétés peuvent être fondées dans trois intentions différentes, souvent combinées :

1° Pour rendre possible à des capitalistes cherchant des placements la participation à des entreprises donnant de plus forts dividendes ou présentant de plus grands risques sans augmenter cependant le risque, comme ce serait le cas avec un placement direct. On acquiert les effets de plusieurs de ces sociétés et l'on émet, sur cette propriété, des actions d'une société de participation que l'on peut alors désigner sous le nom de « société de placement ». De semblables entreprises ont trouvé le plus d'extension dans les *Investmenttrusts* anglais.

2° Pour permettre au public de faire des placements dans des entreprises dont les effets, pour des raisons réelles ou juridiques, ne peuvent pas être émis directement. En Allemagne notamment, il se fonde des sociétés particulières qui prennent ces sortes d'effets et qui émettent ensuite leurs propres effets, actions et obligations, dans le public : « Sociétés pour l'acquisition d'effets ».

3° Il s'agit, au contraire, de *retirer* de la circulation les effets de plusieurs entreprises, et d'employer le capital à l'acquisition d'effets de sociétés de participation, afin d'acquérir ainsi sans employer de capital propre une influence sur l'ensemble de ces entreprises. Cette forme est très répandue, surtout en Amérique où ces sociétés se nomment *Holding Companies*. Nous les appellerons *sociétés de contrôle*.

Chacune des trois formes des sociétés de participation s'est donc développée principalement dans l'un des trois pays que nous venons de nommer. Cependant, en Allemagne, en France, en Belgique et en Suisse, on trouve, à côté des sociétés pour l'acquisition d'effets, des sociétés de placement et de contrôle.

(Un exemple de ces dernières a été la société à garantie limitée Herne fondée dans le but de retenir la majorité des actions de la société Hibernia ; un exemple plus récent est la *Bank für Industriewerte*, fondée pour retenir les actions privilégiées des grandes banques). La société de contrôle est surtout répandue en Amérique, dans le but quelquefois de réunir des industries entières pour acquérir le monopole d'une branche industrielle. Par ces sociétés de contrôle dans des buts de monopole (trusts), l'évolution des sociétés de participation se rattache à l'évolution parallèle des associations de monopole.

En Allemagne, ce sont les sociétés pour l'acquisition d'effets qui, par rapport aux autres pays, ont acquis la plus grande importance, principalement pour les chemins de fer d'intérêt local et les installations électriques. Elles furent créées lorsque les grandes sociétés de construction de chemins de fer et d'électricité ne purent plus faire des affaires d'entreprise de la manière que nous avons indiquée. Elles ne pouvaient plus engager leur propre capital, dont elles avaient besoin pour la fabrication, dans la fondation d'installations électriques et de chemins de fer locaux, et les banques avec lesquelles elles se trouvaient en relations ne pouvaient pas le faire non plus. Ainsi, les grandes sociétés de fabrication s'annexèrent des entreprises qu'elles créèrent en commun accord avec les banques pour acquérir les effets qu'elles ne pouvaient émettre. Leurs actions et obligations eurent de la vogue dans le public, surtout pendant la conjoncture favorable qui alla de 1895 à 1900. On peut désigner ce procédé comme une « substitution d'effets » : la société de participation substitue aux effets qu'elle s'est procurés ses propres effets. Elle place ceux-ci dans le public et, ainsi, les fabriques et les banques qui sont derrière peuvent retirer rapidement les capitaux qu'elles ont placés dans des chemins de fer locaux ou des installations électriques. C'est ainsi que les grandes sociétés de construction de chemins de fer et d'électricité ont fondé un grand nombre de sociétés de participation, dont une partie à l'étranger : *Gesellschaft für elektrische Unternehmungen, Bank für elektrische Unternehmungen, Deutsch-überseeische Elektricitätsgesellschaft, Eisenbahn-Rentenbank, Zentralbank für Eisenbahnwerte,* etc., etc.

Mais, peu à peu, ces sociétés se mirent aussi elles-mêmes à réunir le capital pour des buts de ce genre, elles n'acquirent plus seulement des effets créés par les fabriques et les banques qu'elles avaient derrière elles, mais elles financèrent les entreprises elles-mêmes. Ainsi naquirent, de simples sociétés de participation, les « sociétés de financement ». La plupart des sociétés de placement eurent la même évolution. Les sociétés de financement jouent donc aujourd'hui, à côté des grandes banques d'émission un rôle considérable, notamment pour le financement d'entreprises dont les effets ne peuvent être émis ou ne peuvent être rapidement émis parce que l'entreprise est de caractère trop local (usines électriques, chemins de fer d'intérêt local) ou bien demandent trop de temps pour se développer ou bien se trouvent à l'étranger (également usines électriques, chemins de fer et usines).

Nous ne pouvons pas ici insister sur les effets de cette organisation sur notre système bancaire. En fait, de cette façon, la fondation d'entreprises sociétaires pour les fins que nous avons indiquées a été très facilitée ; et le grand développement de notre industrie électrique, la rapide extension de nos chemins de fer d'intérêt local, la facilité avec laquelle l'industrie métallurgique allemande a été pourvue des produits miniers les plus importants, la plus grande participation des capitaux allemands à des entreprises étrangères sont dus pour une part considérable à cette nouvelle organisation du financement de sociétés. De même il est indubitable que tout ce système de participations crée entre les différentes entreprises des liens d'intérêt plus étroits, afin d'atténuer et de répartir le risque. Il en résulte des relations permanentes entre des entreprises qui sinon rivaliseraient entre elles, et de même la concurrence, la lutte réciproque d'entreprises de même nature se trouve restreinte. Mais il ne faut pas non plus méconnaître les dangers de cette nouvelle évolution du capitalisme des effets. Ils résultent surtout de ce que l'on a appelé l' « emboîtement » des entreprises. Le capitaliste qui fait fructifier ses économies se trouve ici participer à des sociétés qui elles-mêmes sont bien éloignées des entreprises à proprement parler actives au point de vue économique, qui n'obtiennent leurs bénéfices que par un système complexe d'emboîtement multiple d'effets et qui n'ont ainsi qu'une influence très indirecte sur les entreprises vraiment productives. Pour le capitaliste isolé, par ce système très étendu de participation, il est bien plus difficile encore de prévoir l'action économique et les chances de gain du capital qu'il apporte, plus encore que dans les sociétés par actions. La substitution des effets facilite à un haut degré l'obscurité voulue du bilan, la répartition de l'actif et du passif entre les différentes sociétés emboîtées, l'obtention de cette façon de bénéfices simplement apparents. Des manipulations de ce genre ont déjà été souvent faites au détriment du public. Mais, d'autre part, la participation permet de dominer de grandes entreprises et des branches industrielles entières, chaque société ne devant posséder que la moitié du capital ayant droit de suffrage dans la sous-société qui vient immédiatement après pour la contrôler et contrôler toutes celles qui viennent ensuite. Ceci peut sans doute également amener une plus grande unification et empêcher une concurrence exagérée. Mais, d'autre part, le danger est que quelques capitalistes, avec un capital personnel relativement modeste, puissent accaparer des branches industrielles tout entières. En Amérique, en particulier, les abus de ce genre ne sont pas rares.

Ces tendances les plus récentes des sociétés capitalistes rendent nécessaire, à mesure qu'elles se développent de plus en plus, une intervention de la politique économique et de nouvelles dispositions législatives. Nous reviendrons sur ce sujet dans le dernier paragraphe de ce chapitre.

8. PROBLÈMES DE POLITIQUE ÉCONOMIQUE POSÉS PAR LES SOCIÉTÉS CAPITALISTES

Les sociétés capitalistes sont, étant donné leur extension considérable, réglementées par la législation, non seulement au point de vue de leur caractère juridique, mais aussi sous l'aspect économique. Au point de vue juridique, il s'agissait de donner la sécurité aux personnes qui se trouvent en relations d'échange avec les entreprises sociétaires. Les mesures de *politique économique* au contraire ont pour but, avant tout, la sécurité des capitalistes qui participent à de telles sociétés. Dans cette catégorie rentrent les lois sur la responsabilité des fondateurs, du comité de direction et du conseil d'administration, concernant l'assemblée générale et l'établissement du bilan. Le point de vue prédominant est celui de la publicité aussi grande que possible. C'est aussi le but de tous les efforts dans le domaine de la réglementation légale du système des actions. Une plus grande publicité dans la direction et l'administration des sociétés capitalistes est d'autant plus importante que le nombre de ces entreprises, des capitalistes qui y prennent part, et leur influence sur l'économie national tendent à augmenter. Des entreprises qui ont des milliers de propriétaires ou, par leurs obligations, des milliers de créanciers qui leur ont confié leur capital, et qui emploient des milliers d'ouvriers, ne sont plus une simple affaire privée qui ne regarde personne ; elles revêtent toujours le caractère d'une entreprise publique. Elles n'ont pas besoin, pour cela, d'être dirigées et surveillées par des fonctionnaires publics, mais le public est en droit de pouvoir se rendre compte le plus possible.

La proposition qui a été faite souvent de remplacer au moins dans les grandes entreprises le conseil d'administration par des fonctionnaires de l'État ou bien de lui adjoindre ceux-ci en qualité de contrôleurs n'est pas exécutable dans les conditions actuelles. L'État est incapable d'assumer une telle responsabilité. Cela ne serait possible que par une publicité beaucoup plus grande dans les affaires des grandes entreprises et il faudrait, pour cela, former des fonctionnaires spéciaux. Par contre, on a obtenu assez souvent un certain contrôle des entreprises, en partie sur le modèle de l'Angleterre et de l'Amérique (*chartered accountants, Audit Companies*), par un examen périodique des livres de la part d' « entreprises de révision », de « sociétés fiduciaires » qui, le plus souvent, se trouvent en relation avec une grande banque. Cependant, elles n'ont pu souvent non plus empêcher des escroqueries ou les découvrir à temps. En tout cas, nous voyons ici les débuts d'une évolution qui, éventuellement réglementée par l'État, pourraient compléter le contrôle du conseil d'administration. Mais à côté de cela des mesures seraient désirables qui augmenteraient le sentiment de responsabilité et le soin de celui-ci. On pourrait prescrire pour les membres du conseil d'administration le versement d'une caution ; une certaine division dans le travail des membres du conseil d'administration chargés du contrôle serait aussi souvent opportune. La disposition du paragraphe 245 du code de commerce, d'après laquelle le traitement des conseillers d'administration n'est calculé que déduction faite des amortissements et de 4 % de dividende devrait être une règle absolue et ne devrait pas pouvoir être modifiée par les statuts. Aujourd'hui, il arrive très fréquemment que le conseil d'administration se fasse assurer une rémunération fixe souvent très élevée quels que puissent être les bénéfices de l'entreprise. Il ne devrait pas non plus être permis de mettre à la charge de la société l'impôt sur les tantièmes.

Mais surtout, dans l'intérêt d'une plus grande publicité, l'important ce sont les prescriptions précises en ce qui concerne l'établissement du bilan et sa publication. Par la loi de 1884, on a sans doute en Allemagne relativement aux autres pays fait les plus grands progrès. Mais il reste encore beaucoup à faire et c'est absolument nécessaire, vu l'évolution récente des sociétés par actions. La prescription du paragraphe 265, d'après laquelle le bilan, de même que le compte des profits et pertes, doit être publié par le comité de direction, après approbation par l'assemblée générale, devrait être rigoureusement appliquée. Très fréquemment il arrive aujourd'hui d'établir et de publier des bilans tout à fait incomplets, par exemple d'omettre complètement le compte des profits et pertes ou de n'indiquer qu'en bloc la différence entre l'actif et le passif. Les plus-values et les moins-values en fait de possession de terrains, de bâtiments, de machines devraient toujours être exactement indiquées, toutes les déductions devraient être parfaitement visibles.

Pour les différentes industries, on pourrait prescrire un « bilan normal » pour amener l'unification et rendre possible la comparaison, comme cela se fait aujourd'hui pour les grandes banques à la suite d'ententes.

L'extension prise par les participations et les substitutions d'effets rendent notamment nécessaires des mesures plus précises au sujet de l'établissement du bilan. C'est déjà un problème que de savoir quelle est la meilleure méthode pour établir le bilan d'une propriété d'effets. Contrairement aux biens, une estimation aussi basse que possible n'est pas toujours désirable ici. Par là toutes sortes de transactions pourraient être rendues possibles et les bénéfices annuels provenant de vente ou de spéculation, se trouver augmentés d'une façon artificielle (1).

(1) Voir pour plus de détails *Beteiligungs-und Finanzierungsgesellschaften*, 3e éd., p. 493 sqq.

Au contraire, pour les effets le principe du bilan exact peut être beaucoup plus facilement appliqué que pour les biens, vu que leur valeur d'échange peut être déterminée à chaque instant, dans la plupart des cas, et est exprimée par la cote pour les effets en Bourse. C'est pourquoi, contrairement aux avoirs en biens, des effets de placement durable pourraient être aussi inscrits au bilan au cours du moment, plutôt qu'au prix d'acquisition.

Mais il est encore plus important de veiller à ce qu'une propriété d'effets soit indiquée avec une clarté suffisante au bilan. Une société peut, aujourd'hui, avoir placé la majeure partie de son capital en effets et elle n'est obligée par aucune loi de donner des détails sur la nature de cette possession. Il est des sociétés dont tout le bilan consiste dans cette formule :

Actif : participations, x marks ;

Passif : capital en actions, x marks.

Il est nécessaire d'obliger par des dispositions légales les sociétés qui possèdent une grande quantité d'effets d'autres sociétés à en faire un rapport détaillé, lorsque, par exemple, le montant des effets d'*une* autre entreprise dépasse un dixième du capital versé de la première société. Dans ce cas, le bilan de l'autre société devra être publié en même temps que celui de la première. De même, les bénéfices provenant de la propriété d'effets étrangers devraient être inscrits séparément et n'être pas confondus avec ceux qui proviennent de l'activité économique de la société.

Pour les banques et les sociétés de participation et de financement, dont le but est la participation à d'autres entreprises, il faudrait encore prendre des mesures particulières. Il faudrait distinguer surtout entre les effets que l'entreprise a l'intention de garder longtemps et ceux qu'elle a l'intention de vendre dans le courant de l'année suivante. Les premiers devraient être portés au compte de participation. Les seconds au compte des effets et ceux dont le montant n'a pas été complètement versé au compte du consortium . Toutes ces sortes d'entreprises pourraient être obligées, par exemple dans tous les cas où leur propriété d'une seule espèce d'effets dépasserait un dixième du capital versé, d'indiquer la nature de ces effets et leur montant au bilan.

Toutes ces mesures et d'autres encore, sur lesquelles je ne veux pas insister ici, ne supprimeront naturellement pas tous les abus du système des participations. Mais elles approcheront du but qui, avec le développement grandissant des entreprises sociétaires, gagne toujours en importance et devient de plus en plus facile à atteindre, celui d'une publicité aussi grande que possible de la gestion des affaires. Mais, ce but, appliqué à ce domaine, n'est qu'un cas particulier du but général de toute notre évolution économique, but que sert la participation elle-même, et qui est d'obtenir une plus grande sécurité de toutes les relations commerciales et des placements de capitaux.

Il y aurait également à prendre tout un nombre de mesures pour la plus grande sécurité des actionnaires. On devrait, par exemple, dire dans le rapport d'après quelle base les stocks de matières premières et de marchandises qui figurent au bilan ont été estimés. De même, on pourrait édicter des dispositions plus précises en ce qui concerne le rapport du conseil d'administration, qui souvent ne fait que « ratifier » le rapport (qui lui-même ne dit rien) du comité de direction. En outre, le contrôle des livres et des bilans d'une société par actions est encore

susceptible d'importants perfectionnements. Nos contrôleurs ne font qu'examiner en Allemagne d'ordinaire si
les totaux des livres concordent avec le bilan et non point
si ces livres sont exactement tenus. Il n'y a pas de comparaison avec les factures ou la correspondance. Il devrait
être prescrit, d'après le modèle de la loi complémentaire anglaise de 1900, que toute société par actions doit avoir un contrôleur permanent nommé par le
gouvernement et autorisé à prendre connaissance à tout
moment de la comptabilité. Sans doute, maintes sociétés
par actions font effectuer depuis les derniers temps par les
sociétés fiduciaires un large contrôle de leurs livres pour
empêcher les détournements de leurs employés, mais ce
n'est aucunement une règle générale. Une organisation
plus complète du contrôle serait possible, ou bien en prenant comme point de départ les sociétés fiduciaires, qui
alors devraient être constituées par l'État, ou bien en étendant les obligations des contrôleurs officiels actuels.

Une influence suffisante va enfin être donnée aux
ouvriers des grandes entreprises, quelle que soit leur
forme d'organisation, par les « conseils d'exploitation »
et par la représentation des ouvriers au conseil d'administration. Naturellement, de telles mesures nouvelles ont
d'abord à s'acclimater peu à peu et à faire leurs preuves ;
il faut que des deux côtés existe la bonne volonté, du côté
des entrepreneurs, pour ne pas s'acquitter simplement
d'une obligation légale désagréable en tenant le plus possible les ouvriers à l'écart, du côté de ceux-ci, de s'intéresser véritablement à leur exploitation et à sa prospérité
et de ne pas envisager uniquement leurs profits immé-
diats. Lorsqu'on aura un jour des conditions plus stables
en ce qui concerne la situation économique, les prix, les

salaires, alors les conseils d'exploitation pourront devenir
une institution féconde, sans qu'il soit besoin de réaliser
immédiatement des projets de socialisation confus. Il n'en
reste pas moins exact, — et les ouvriers qui dans leur pour-
suite de leur idéal de socialisation y attachent si peu d'importance, font preuve de très peu de clairvoyance —,
qu'une surveillance permanente par l'État des grandes
entreprises, de leurs organisations communes et des tendances qui se manifestent dans leur évolution devient de
plus en plus une nécessité. Il faut qu'elles soient, plus
qu'elles ne l'ont été jusqu'ici, sous le contrôle de la collectivité. Le meilleur moyen à cet effet serait la création d'un
« office industriel », tel qu'il existe déjà aux États-Unis.
Les ministères ne disposent pas de fonctionnaires suffisamment compétents pour pouvoir prendre les décisions
voulues dans les différents domaines économiques où l'intervention de l'État sera nécessaire. La création d'un
corps compétent pour la surveillance permanente de toute
l'évolution économique de la nation devient donc de plus
en plus indispensable.

Malheureusement, rien n'a été fait jusqu'ici à tous ces
égards, car les ouvriers, hypnotisés par leurs plans de
socialisation, demandent tout ou rien, ce qui n'est certainement pas un principe d'évolution organique : jamais
jusqu'ici une organisation économique n'a été tout d'un
coup remplacée par une autre.

CHAPITRE III

LES COOPÉRATIVES

I. Définition des coopératives

A côté des entreprises sociétaires, il y a encore une autre forme d'économie commune qui est aujourd'hui de la plus haute importance : les sociétés coopératives. On a beaucoup discuté sur le concept de la coopérative. Là aussi, c'est d'abord la science juridique qui s'en est occupée. Beaucoup élargissent tellement ce concept qu'ils comprennent sous cette dénomination toutes les associations, les sociétés, les cartels, les entreprises sociétaires. Par exemple, von Gierke, le principal représentant de la théorie juridique des sociétés coopératives (*das deutsche Genossenschaftsrecht*, 3 volumes, 1868-81), qui considère comme principe de la société coopérative, la « représentation de l'unité dans la multiplicité », et qui désigne par ce nom toutes les associations, en dehors de l'État et de la commune, possédant une personnalité juridique autonome. Allant presque aussi loin, le docteur Krüger, avocat des sociétés coopératives, définit la société coopérative (à l'article *Erwerbs = und Wirtschaftsgenossenschaften* dans le *Handwörterbuch der Staatswissenschaften*), « toute association de personnes, — par opposition à l'association de capitaux , — en vue de fins communes ». D'après cela, toute société commerciale ouverte, tout cartel, toute association dans un but déterminé, voire même toute société chorale et tout club de joueurs de quilles seraient des sociétés coopératives. Et même la société par actions n'est pas uniquement « une association de capitaux », mais également une association de personnes et par conséquent une société coopérative.

De telles définitions ne facilitent aucunement la compréhension du principe économique des sociétés coopératives. Mais le concept économique, tel qu'il convient dans un système des associations d'échange, me paraît très simple et se trouve concorder à peu près avec la définition qu'en a donnée la législation dans un but pratique. Bien que la législation économique, et surtout la nouvelle, ne se distingue point d'ordinaire par la précision de ses définitions, elle en a donné cette fois une qui va au cœur de la chose. Déjà la première loi allemande sur « la situation juridique des sociétés coopératives d'acquisition et d'administration » du 4 juillet 1868, définissait les sociétés coopératives « des sociétés dont le nombre des membres est illimité et qui ont pour but de faciliter le crédit, l'acquisition ou l'administration des biens de tous leurs membres au moyen d'une exploitation commune ». La nouvelle loi du 1ᵉʳ mai 1889 a abandonné avec raison la mention spéciale d'une facilitation du crédit et de l'administration. Le nombre illimité des membres n'est pas un signe caractéristique des sociétés coopératives. Mais, au point de vue économique, il est d'une grande importance parce que les sociétés coopératives, vu que de nouveaux membres peuvent y entrer à chaque instant et que les anciens peuvent en sortir en retirant leur part de capital, sont, par conséquent, des entreprises à capital toujours variable.

Une définition exacte de la société coopérative au point de vue économique est donc celle-ci : les sociétés coopératives sont des économies qui, au moyen d'une exploitation commune, ont pour but de faciliter ou de compléter l'économie d'acquisition ou l'économie familiale de leurs membres.

La question de savoir si on doit considérer les coopératives comme une forme spéciale de sociétés ou distinguer entre sociétés au sens économique, sociétés d'acquisition, et coopératives, est une question de commodité. Il semble qu'il soit plus conforme à l'usage linguistique et surtout à la compréhension économique, de ne pas considérer les coopératives comme une simple variété des sociétés d'acquisition, mais de distinguer les deux comme types absolument différents. Cette distinction est nécessaire pour bien saisir la nature des coopératives. En effet, tandis que les sociétés au sens économique du mot, — la forme juridique n'est que chose accessoire —, ont toujours pour but un gain aussi élevé que possible, qu'elles sont des entreprises, ce n'est pas le cas pour les coopératives. Au contraire l'examen attentif montre que les coopératives ne sont pas, en fait, des entreprises. Contrairement aux entreprises sociétaires, elles ne sont pas des groupements ayant une activité d'acquisition autonome ; elles ne veulent qu'aider et compléter l'activité économique privée de leurs membres. Il est possible que ceux-ci recherchent le gain monétaire le plus élevé possible, mais non pas les coopératives. Certaines personnes se groupent du reste en

coopératives, qui ne recherchent pas du tout un gain
monétaire, mais demandent seulement à la coopérative
une aide pour leur économie familiale. Aussi y a-t-il lieu
de distinguer entre coopératives destinées à aider et à compléter l'économie familiale, et coopératives destinées à
aider l'économie d'acquisition de leurs membres. Même
celles-ci ne sont nullement des entreprises, elles ne recherchent pas un gain monétaire le plus élevé possible. C'est
seulement l'activité économique de leurs membres qui
procède de cette tendance, et elles n'ont, elles, d'autre
but que d'aider cette activité, comme cela apparaît avec
particulièrement de netteté dans les coopératives d'achat
et de crédit. Il est important pour l'essence des coopératives de se rendre compte qu'elles appartiennent à une
autre sphère que celle de la tendance privée au gain.
Aussi ne devraient-elles pas être considérées comme une
variété des sociétés au sens économique du mot et leur
étude n'a pas à proprement parler sa place dans un exposé
des « formes d'entreprise ». C'est néanmoins une étude
étroitement connexe, car le rôle principal des coopératives
est précisément qu'elles sont un moyen de défense contre
les grandes entreprises : ce qui suffirait du reste à montrer qu'elles procèdent d'un principe absolument différent
de celui des sociétés d'acquisition.

Ainsi la définition des coopératives, c'est qu'elles aident
ou complètent en quelque point l'activité économique privée de leurs membres. Ceux-ci appartiennent donc toujours à un certain groupe économique et ont la même
attitude économique par rapport au but de la société ; cela
est exprimé dans le mot « coopérateur ». La coopérative
se charge d'une partie des obligations économiques de ses
membres ; la coopérative de consommation, par exemple,

se charge de l'achat de certaines denrées chez les producteurs pour les économies familiales, la laiterie coopérative décharge les cultivateurs du soin de vendre et de
travailler le lait. Ce qui est caractéristique, c'est que
plusieurs économies se réunissent dans ce but, mais qu'elles ne s'associent pas pour former une économie d'acquisition indépendante, comme une société par actions ou
une entreprise sociétaire quelconque. Elles ne sont qu'un
organe commun de chacune de leurs économies d'acquisition ou familiales. Une société coopérative n'est donc
pas une économie d'acquisition indépendante, une entreprise qui vise un profit personnel, mais (que l'on pense,
par exemple à une société coopérative d'achat) un organe
commun des économies indépendantes de chacun de ses
membres. L'apparence d'une économie d'acquisition autonome apparaît surtout pour les coopératives de vente, qui
semblent, vues de l'extérieur, poursuivre elles-mêmes la
réalisation d'un gain. Il y a d'ailleurs certaines formes
intermédiaires. Mais, en général, une coopérative de vente
n'a pas pour but d'acheter à ses membres au plus bas
prix possible et de réaliser par la vente le maximum de
bénéfice net. Vue de l'extérieur, la coopérative apparaît,
il est vrai, le plus souvent sous l'aspect d'une entreprise
particulière et, au point de vue juridique, elle est une
personnalité indépendante. Le plus souvent, elle agit en
son propre nom, pour son propre compte et à ses propres
risques. Mais toujours elle se distingue de l'entreprise
indépendante par l'obligation réciproque qu'ont ses membres de lui confier une partie de leur activité économique,
par exemple l'achat ou la vente. C'est cette obligation qui
constitue l'essentiel. Quelquefois aussi, la société coopérative est un simple commissionnaire, qui agit, il est vrai,

en son propre nom, mais pour le compte de ses membres. Dans les sociétés coopératives pour la vente des bestiaux par exemple, on trouve les deux formes ; quelquefois elles vendent des bestiaux en commission pour chaque coopérateur, quelquefois aussi elles le font à leur propre compte, elles les achètent donc à leurs membres.

D'ailleurs, il faut répéter de nouveau que la personnalité commerciale ou civile dont se revêt une organisation économique n'a aucune importance pour ce qu'il faut, au point de vue économique, entendre ou ne pas entendre par société coopérative. S'il plaît à des agriculteurs ou à des industriels d'organiser leurs associations d'achat ou de vente plutôt sous la forme juridique de société par actions ou de coopérative, cela est tout à fait indifférent pour le point de vue économique. L' « Union des Agriculteurs » par exemple, la grande association politique, est, en tant qu'association d'achat pour les scories Thomas, une coopérative (1). Ce n'est pas sans importance pour la compréhension exacte de phénomènes importants de la vie économique moderne. Le « syndicat charbonnier du Rhin et de la Westphalie » par exemple, bien qu'organisé juridiquement comme société par actions, constitue au point de vue économique une coopérative. Il sert à faciliter l'économie d'acquisition de ses membres, prend sur lui une partie de leur activité économique, la vente, et la remplace par une organisation commune. Seulement, il y a encore une intention de mo-

_____

(1) Cela a aussi une grande importance pour la statistique. La statistique allemande des coopératives ne compte que les associations ayant, à leur fondation, la forme juridique de la coopérative. C'est pourquoi les données fournies pour certaines espèces de coopératives sont trop basses.

nopole qui fait de cette coopérative de vente un cartel. Il en est de même dans tout cartel avec établissement de vente commun. De même une société par actions pour la fabrication du sucre, dans laquelle la plus grande partie des actionnaires s'est engagée à fournir des betteraves, apparaît plutôt comme une coopérative si on met au premier plan cette obligation et cette relation, plutôt comme une société si on considère le reste de l'organisation, qui est celle d'une exploitation indépendante.

Plus la fraction de l'activité économique dont la coopérative décharge ses différents membres est considérable, plus elle se rapproche de la société, où *toute* l'activité d'acquisition de l'entrepreneur est incluse. C'est ce qui arrive dans ce que l'on appelle les coopératives de production qui, par suite, ne sont pas à proprement parler des coopératives, mais des sociétés. La coopérative de production (à distinguer des coopératives de producteurs) ne complète plus l'économie de ses membres, mais elle est leur économie d'acquisition qu'ils exploitent en commun.

Ce n'est que par suite de cette relation avec les personnalités économiques, économies de consommation ou économies d'acquisition, qui se trouvent derrière elles, qu'on a pu prétendre que les coopératives sont plus proches des sociétés personnelles que des sociétés capitalistes. En tant qu'auxiliaires d'économies personnelles, elles sont, il est vrai, en connexion plus étroite avec des personnes que les sociétés capitalistes, dont les rapports avec leurs actionnaires sont assez lâches. Mais, en ce qui concerne les relations avec l'extérieur, cela n'est pas du tout exact et il serait faux de croire que l'élément décisif dans la coopérative c'est, comme dans les sociétés personnelles, le *travail* de ses membres. Il y a bien de nombreuses coopératives qui sont dirigées par les membres eux-mêmes, mais cela n'est nullement essentiel ; et au moins aussi nombreuses sont celles qui sont entièrement gérées par des employés, où les membres ne font qu'apporter le capital. Ce n'est donc pas le mode de collaboration du capital et du travail qui définit la coopérative et la distingue des entreprises sociétaires, mais bien la liaison étroite qui existe entre les économies des coopérateurs et l'économie constituée par la coopérative, celle-ci n'étant en quelque sorte qu'un surgeon des premières.

Cette liaison, qui est la caractéristique de la coopérative, procède toujours de quelque obligation contractuelle entre la coopérative et ses membres : obligation de livraison dans les coopératives de vente, d'achat dans les coopératives d'achat, de caution dans les coopératives de crédit. Dans cette obligation et dans le lien étroit créé par là entre l'économie commune de la coopérative et l'économie individuelle de ses membres, réside l'essence de la coopérative. Plus elle passe à l'arrière plan, plus la coopérative devient une société ; ainsi, c'est le cas dans l'exemple donné plus haut de la raffinerie commune, où le nombre des actionnaires qui s'engagent à livrer des betteraves est infime par rapport au nombre de ceux qui ne contractent pas cette obligation. Pareille transformation d'une coopérative en société n'est pas rare du tout. J'en ai vu à Vienne un exemple typique : des propriétaires d'hôtels, de grands magasins de comestibles et autres s'étaient associés pour la création d'une grande fabrique de glace coopérative. Les affaires furent brillantes, les membres purent avoir la glace presqu'à moitié prix et l'on put néanmoins distribuer un boni limité par les statuts. Mais peu à peu les actions parvinrent par héritage de plus en plus aux mains de gens qui n'étaient pas propriétaires d'hôtels, etc. et qui par suite n'étaient pas des consommateurs de glace en grand. Ceux-ci n'eurent aucun intérêt à ce que la glace fût livrée aux premiers à bon marché, mais seulement à ce que leurs actions leur rapportassent le plus grand bénéfice possible. Ainsi la coopérative devint peu à peu une entreprise commune autonome ayant pour but la réalisation de bénéfices, c'est-à-dire une société.

Nous espérons avoir suffisamment fait comprendre la nature des coopératives. Disons seulement encore que l'idée fondamentale des coopératives, qui est d'aider et de compléter les économies isolées, a aujourd'hui l'importance la plus considérable. Tout comme les associations patronales, les coopératives reposent sur le principe : l'union fait la force. Elles sont donc surtout importantes pour les économies assez faibles, auxquelles elles permettent notamment de se défendre contre la prépondérance des grandes entreprises. Mais elles ne se limitent pas aux petites économies ; les grandes entreprises, elles-mêmes, ont souvent recours à ce moyen de défense par l'union.

2. LA LOI SUR LES COOPÉRATIVES

Les coopératives allemandes ont été réglementées par la loi d'empire du 1ᵉʳ mai 1889. La caution illimitée de tous les membres, s'étendant à toute leur fortune, qui avait été la loi jusqu'à cette époque, s'était révélée néfaste pendant la crise des années *soixante-dix* et avait contribué aux nombreuses transformations de coopératives en sociétés par actions. On la compléta par la garantie limitée des membres du conseil d'administration et l'obligation pour ceux-ci à des versements supplémentaires. Des opérations de la société coopérative se portent garants les différents membres : 1° vis-à-vis de la société et vis-à-vis des créanciers de celle-ci directement, et cela avec toute leur fortune (*garantie illimitée*) ; ou bien 2° avec toute leur fortune, mais non pas immédiatement vis-à-vis des créanciers, seulement vis-à-vis de la société par l'obligation d'effectuer les versements supplémentaires nécessaires au paiement des créances (obligation illimitée des versements supplémentaires (1) ; ou bien 3° aussi bien vis-à-vis de la société que directement vis-à-vis des créanciers seulement pour une somme fixée à l'avance (garantie limitée) (par. 2). Dans ce dernier cas, la caution de chaque membre ne doit pas être inférieure à sa part de société (par. 125). Dans les sociétés coopératives à garantie illimitée ou à obligation illimitée de versements supplémentaires, chaque coopérateur ne doit pas posséder plus d'une action (par. 112 et 120).

Les coopératives n'acquièrent la personnalité juridique qu'une fois inscrites au registre des coopératives. Le statut à déposer est examiné devant le tribunal au point de vue des exigences légales (au moins 7 membres ; nom ou firme, qui doit être fourni par l'objet des affaires, à l'exclusion du nom des membres de la coopérative ; caution, statut des décisions, contrôle).

La coopérative doit avoir un comité directeur et un conseil d'administration, dont les membres doivent être des coopérateurs. Il y a aussi une assemblée générale, formée par la collectivité des coopérateurs et dans laquelle

---

(1) En fait cette obligation est si peu appliquée (voir plus bas) qu'on pourrait la supprimer lors de la revision prévue de la loi.

chacun n'a qu'une voix. Contrairement à ce qui se passe dans les sociétés, les coopérateurs ne peuvent pas exercer leur droit de suffrage par procuration (par. 41). C'est à cause de cela et non pas par le genre de son activité économique, que dans la société coopérative le facteur des relations personnelles entre les membres apparaît plus que dans les autres sociétés.

La qualité de membre est acquise par déclaration d'adhésion et admission, ce dont décide le comité directeur, seul ou en accord avec le conseil d'administration. L'admission peut toujours être refusée. On ne devient définitivement membre qu'après inscription sur la liste des coopérateurs déposée auprès du tribunal. La qualité de membre n'est pas transmissible, mais la part d'actif revenant à chaque membre peut l'être dans certaines conditions.

La radiation d'un membre soit après décès, soit pour d'autres motifs, ne s'opère qu'à la fin de l'année. Le membre radié seul ou, le cas échéant, ses héritiers peuvent demander le remboursement de la part d'actif, laquelle ne peut être établie qu'en fin d'année. Les coopératives constituent donc des économies à nombre de membres variable et à capital variable. Cela complique non seulement le calcul du capital, mais la gestion ; aussi la constitution d'un fonds de réserve est-elle d'une très grande importance et elle est prévue par la loi.

La façon dont le bénéfice net se trouve réparti, proportionnellement au nombre d'actions ou proportionnellement à l'importance des relations économiques avec chacun des membres, est indifférente pour le principe de la société coopérative. La loi fixe en général le premier mode, à moins que les statuts n'en décident autrement.

Le second mode de distribution est très répandu dans les coopératives de consommation. Ce n'est d'ailleurs pas le but des coopératives d'obtenir un bénéfice net et, si le cas se présente dans une coopérative de consommation, c'est que, pour des raisons d'opportunité, les marchandises sont livrées aux membres au prix ordinaire de l'endroit. Et ce n'est qu'un actif porté au crédit des membres.

Cela répond à la même conception que la société coopérative réserve à ses membres les services qu'elle rend et n'y fasse pas participer des étrangers. Une société d'achat ne livre pas les denrées à des étrangers. Cela a été défendu aux sociétés de consommation allemandes à la suite des protestations élevées par les associations des détaillants, par le par. 8, dernier alinéa. Dans beaucoup d'autres pays cette restriction n'existe pas.

Mais il y a de nombreuses associations que l'on doit considérer au point de vue économique comme des coopératives bien qu'elles n'en possèdent pas la forme juridique et qu'elles soient organisées suivant un autre mode quelconque (sociétés par actions, sociétés à garantie limitée, simple association, etc.). La statistique officielle ne comprend parmi les sociétés coopératives que les associations qui sont inscrites comme telles.

3. Les différentes espèces de coopératives

On a essayé de distinguer les espèces de coopératives de différentes façons. Schulze-Delitzsch, le principal fondateur de la coopération allemande, distinguait des coopératives de distribution et de production. Aux premières appartiendraient celles qui fournissent à leurs membres les avantages de la consommation en gros. Les dernières comprennent les exploitations de production pour le compte commun. Les simples coopératives d'écoulement ne trouvent pas de place dans cette distinction. Les coopératives de crédit ont beaucoup de peine à y rentrer. La distinction aussi de coopératives d'achat et de vente (Oppenheimer : *die Siedlungsgenossenschaften*, Leipzig, 1896) ne comprend pas toutes les sortes. Il est curieux qu'on n'ait pas vu la distinction qui s'offre d'elle-même, bien qu'elle soit déjà indiquée dans la définition de la première loi sur les coopératives. Elle résulte de la différence fondamentale et très nette : le but de l'association est-il de favoriser l'économie familiale ou l'économie d'acquisition ? Les premières de ces coopératives sont naturellement les plus anciennes. La *Markgenossenschaft* était chez les anciens Allemands le mode le plus efficace que l'on puisse imaginer d'assistance à l'économie familiale par une économie commune. Elle se rapprochait beaucoup de la société, qui réunit toute l'activité économique de ses membres. Mais les anciens Allemands avaient à côté de leur propriété commune dans la *Markgenossenschaft*, de l'exploitation commune des champs et des pâturages, aussi leur propre économie familiale avec jardins, élevage de la volaille, etc.. Ainsi l'économie commune n'est qu'un complément de leur économie familiale. Il en était de même des autres sociétés coopératives qui apparaissent dès le moyen âge : coopératives forestières, pour l'entretien des digues, pour le drainage et l'irrigation, pour le défrichement.

Mais il faut souligner que la plupart de ces groupements étaient des coopératives obligatoires ; les membres de certaines professions étaient obligés d'en faire partie et leurs droits et leurs devoirs étaient réglementés par les corps publics. Aujourd'hui encore, on trouve de ces coopératives obligatoires, par exemple pour la construction de digues, pour les travaux de drainage et d'irrigation, pour le défrichement (1).

Mais la grande majorité des coopératives actuelles doivent leur formation à la *libre association* des intéressés. Elles ont pour but l'entr'aide par le travail commun. La Révolution française et les bouleversements techniques avaient presque partout fait disparaître les coopératives du moyen-âge. Elles paraissaient une entrave à la grande exploitation naissante ; et, dans l'intérêt de celle-ci, elles furent supprimées. Mais les artisans et les ouvriers regrettèrent bientôt l'absence d'une organisation commune qui aurait pu améliorer leur situation. Et ainsi des coopératives apparurent au xix° siècle partout comme un moyen de relèvement social des classes inférieures, comme une tentative des économies plus faibles pour se maintenir par une action commune en face des gros, de ceux qui ont le capital. Les coopératives furent ainsi un des principaux moyens de la politique sociale, bien que précisément les partis ouvriers qui aspiraient à la domination politique s'en soient rendu le moins compte.

Comme, dans l'économie familiale moderne, la production propre disparaît de plus en plus, qu'elle devient de plus en plus une pure économie de consommation, les

---

(1) Les organisations obligatoires qui sont créées pour la réunion et le lotissement de terrains dans un but particulier, ne sont pas des coopératives, puisqu'elles n'ont pas pour but une activité économique commune, mais des associations. De même les corporations obligatoires (*Zwangsinnungen*). Mais des coopératives peuvent s'y annexer.

Liefmann. — *Entreprise.* 11

coopératives qui ont pour but de favoriser l'économie familiale ont aujourd'hui une tâche toute différente de celles
du moyen âge. Deux formes surtout ont pris de l'importance : la société de consommation et la coopérative de
construction. La première a pour but de procurer à ses
membres par des achats en gros les denrées à meilleur
compte. L'autre se propose, par l'édification en commun
d'habitations de différentes sortes, d'aider à atténuer et à
supprimer les grands abus sociaux qui existent aujour-
d'hui en ce qui concerne la question de l'habitation.

Par suite de la séparation toujours plus complète qui
s'est effectuée au cours du xixᵉ siècle entre l'économie
familiale et l'économie d'acquisition, comme conséquence
du développement de la grande industrie, les sociétés
coopératives dont le but est de faciliter les économies
d'acquisition ont acquis une importance toujours plus
considérable ; c'est au moyen de celles-ci que les petites
exploitations essayèrent de se maintenir en face de la
concurrence des grandes. Cela n'empêcha point tout
d'abord la grande industrie de dominer à elle seule la
politique économique. La réglementation de l'industrie
par l'État, le système des corporations, fut supprimée,
sans être remplacée par autre chose. On déclara que la
libre concurrence était le seul régulateur de la vie économique. Et une théorie économique déclara que cette libre
concurrence assurait la distribution la plus parfaite des
biens d'utilisation. Mais la vie économique n'a jamais
appliqué un principe jusqu'à ses dernières conséquences.
Aussi l'individualisme exagéré appela-t-il bientôt une réac-
tion. Au lieu des anciennes organisations d'État, ce furent
les économies d'acquisition elles-mêmes qui cherchèrent
à s'organiser. On peut distinguer trois espèces d'organisa-

tions, selon l'importance de leurs conséquences : 1° les associations professionnelles pour la représentation des intérêts d'une industrie à l'extérieur ; 2° les coopératives ; 3° les cartels. Ces derniers réagissent le plus énergiquement contre le principe de la libre concurrence, en la remplaçant par l'autre extrême, le monopole, notamment par un monopole partiel sur la base d'un contrat. Les coopératives se trouvent au milieu. Elles peuvent aller jusqu'au monopole des cartels. Ce sont surtout des sociétés coopératives d'achat qui peuvent aller jusqu'à établir un véritable monopole, lorsqu'elles comprennent la majorité des consommateurs d'une localité. Mais la société coopérative est, entre ces trois formes d'organisation, celle qui permet le mieux l'union des petites exploitations, afin de soutenir la concurrence des grandes. C'est là le principal rôle de toutes les coopératives, dont le but est de favoriser les économies d'acquisition.

On a essayé aussi de faire une classification de ses différentes formes, en partant des points de vue les plus différents. La distinction entre coopératives de distribution et coopératives de production est la plus répandue. Une classification plus nette est celle qui distingue les coopératives d'achat, de vente et de prêt. Ces trois formes peuvent être reliées à des exploitations communes de production, lorsque, par exemple, elles travaillent elles-mêmes les produits qu'elles vendent à leurs membres. Les coopératives de prêt comprennent, suivant leur nature : des coopératives qui prêtent des objets ou coopératives d'outillage, qui permettent non seulement l'emploi de machines communes, mais encore celui de dépôts, de magasins, etc. (coopératives de magasins) et des coopératives qui prêtent de l'argent : coopératives de crédit.

Une autre distinction au point de vue des branches d'acquisition est pratiquement bien plus importante. Elle sépare les coopératives agricoles des coopératives industrielles, ou mieux urbaines. Car, s'il est vrai qu'il existe des coopératives comprenant à la fois des agriculteurs, des industriels et des commerçants, les particularités de l'exploitation agricole ont fait que ces coopératives ont eu une évolution spéciale. On peut encore ajouter à ces différents groupes celui des coopératives d'utilité publique, dans lequel entreraient les coopératives pour l'entretien de digues, pour le drainage et l'irrigation, etc. On appelle « coopératives centrales » celles qui, surtout pour les affaires de crédit mais aussi pour les associations de consommation, constituent de grandes organisations collectives, groupant elles-mêmes des coopératives. Il faut dire pourtant qu'une des formes sociétaires leur conviendrait le plus souvent mieux que la forme de coopératives.

A côté de ces formes de coopératives, il en est une qui joue un grand rôle dans la théorie bien que son importance soit presque nulle dans la vie économique : c'est ce que l'on appelle la coopérative de production, qu'il ne faut pas confondre avec la coopérative de producteurs, qui ajoute à l'achat et à la vente encore la production. La société coopérative de production est une construction théorique de réformateurs économiques : Saint-Simon, Fourier en France, et, surtout, Robert Owen en Angleterre. Au moment où se développa la grande industrie et où l'opposition sociale entre entrepreneurs et ouvriers se montra toujours plus nettement, ces réformateurs se demandèrent comment remédier à cette situation. La solution qui se présentait immédiatement, était de faire des ouvriers des entrepreneurs. C'est là le but de la coopérative de production : les ouvriers doivent fonder eux-mêmes des entreprises et les administrer en commun. On peut comprendre comment, au temps de Saint-Simon et d'Owen, c'est-à-dire au début du xix⁰ siècle, au commencement de la grande industrie, on pouvait croire qu'une telle réforme aurait une portée générale. Mais ce qui nous semble incroyable, c'est que, dans les années *soixante*, les gens les plus marquants se soient exagéré d'une telle manière l'importance économique de la société coopérative. Schulze-Delitzsch et d'autres n'y voyaient rien moins que la « solution de la question sociale ». Ferdinand Lassalle les considérait comme le moyen de libération de la classe ouvrière et il demandait au roi de Prusse un crédit de cent millions de thalers, avec lequel les ouvriers auraient acheté d'abord une grande partie des entreprises, pour créer ensuite petit à petit, au moyen des bénéfices, des branches d'entreprises toujours plus étendues. Il est étonnant de voir comment cette pensée est restée vivace jusqu'à aujourd'hui et qu'elle apparaît à beaucoup comme le but de toute l'évolution économique, comme la solution de la question sociale.

Celui qui croit encore aujourd'hui que de telles organisations où les ouvriers seraient en même temps directeurs et propriétaires de l'entreprise, puisse jamais trouver une extension générale, doit être taxé de grande naïveté. Il méconnaît cette vérité si simple que de grandes entreprises doivent avoir une direction une et que des douzaines ou des centaines d'ouvriers ne peuvent pas avoir droit au chapitre. Pour cette seule raison, il ne saurait être raison de remplacer de grandes entreprises par des coopératives de production. Mais même dans de petites proportions, cette organisation a échoué et si encore aujourd'hui les manuels lui attribuent la plus grande importance « sociale », cela n'est pas exact et ce ne sera pas exact non plus dans l'avenir. Même dans de petites proportions, des essais de ce genre ont le plus souvent échoué et cela pour les raisons suivantes : 1° Manque de capital. Car celui qui a assez de capital pour pouvoir produire lui-même ne le confie pas à une coopérative de production où la volonté d'autres coopérateurs règlerait l'emploi de son capital ; 2° manque de subordination, car dès que le nombre des membres dépasse un tout petit chiffre, ils ne peuvent pas tous avoir la direction ; la majorité est donc obligée de se soumettre à la direction de quelques-uns. Mais alors intervient 3° le manque de personnes aptes à la direction, car celui qui aujourd'hui est apte à la direction d'une affaire importante n'entrera pas dans une coopérative de production. Il peut s'établir lui-même, ou bien il peut au moins, comme directeur d'entreprises sociétaires, avoir un traitement bien plus élevé que celui que peut lui consentir une coopérative d'ouvriers. La collaboration de ces trois facteurs fait que la coopérative de production est une construction artificielle qui méconnaît les réalités de la vie et de la vraie nature. Et finalement : si les ouvriers étaient les propriétaires de l'entreprise où ils travaillent, ce ne serait plus une coopérative ne faisant que compléter leur économie familiale et d'acquisition, mais ce serait, comme nous l'avons déjà dit, leur économie d'acquisition commune. Ce serait une entreprise sociétaire comme une autre, à ceci près que les ouvriers seraient en même temps les associés, les actionnaires. De telles organisations ont parfois vu le jour, le plus souvent par suite de fondations d'anciens entrepreneurs philanthropes.

Comme exemple d'une entreprise créée par fondation, mentionnons la fondation Karl Zeiss à Iéna, œuvre du directeur et fondateur des célèbres ateliers d'optiques : Ernest Abbe. Elle n'est pas une coopérative de production. Les ateliers n'appartiennent pas aux ouvriers, mais à une fondation, qui en est la propriétaire impersonnelle, sous la surveillance de l'État. La direction de l'entreprise est aux mains d'un collège de trois membres, qui ne sont les supérieurs des employés que dans les affaires de la maison. Ils reçoivent un traitement fixe qui ne doit pas dépasser dix fois le salaire moyen des ouvriers. Eux seuls n'ont aucun droit au « supplément de salaire et de traitement », c'est-à-dire à la participation aux bénéfices dont profitent tous les employés, selon une proportion déterminée. A côté de la direction siège un commissaire délégué par l'État, qui veille à ce que le but imposé à l'entreprise, la fabrication d'instruments pour la science et l'utilité publique, en particulier pour l'Université d'Iéna, soit strictement observé. De telles entreprises par fondation peuvent être classées, en général, parmi les entreprises publiques.

On n'a jamais encore vu que de grandes entreprises soient restées la propriété des ouvriers qu'elles emploient, gérées par eux, et qu'elles aient prospéré. Tous les essais faits en Russie et en Allemagne pendant la révolution ont échoué, entraînant souvent des pertes considérables. Aussi est-ce avec raison et par une saine compréhension de leur intérêt que les ouvriers de la fabrique de machines Ventzki de Graudenz repoussèrent, en 1919, l'offre de leur patron qui voulait leur abandonner les usines et le prièrent de garder la direction.

Tandis que les coopératives de production veulent transformer les ouvriers des exploitations industrielles en entrepreneurs et par suite en propriétaires du capital, les coopératives *de travail* proprement dites, qui ont été assez souvent tentées dans les derniers temps, ont pour but d'aider et de compléter l'activité économique de travailleurs indépendants. Elles sont en cela de véritables coopératives et elles me paraissent avoir des chances de succès d'autant plus grandes que les instruments de production possédés en commun ont une importance moindre. C'est la bonne gestion de ces instruments de production qui est toujours le grand obstacle. Mais il existe tout un nombre de travaux et services pour lesquels l'association est tout à fait possible, par exemple des entreprises de factage, de garde de nuit, de travaux de moisson à forfait, de travaux de pavage, de construction, etc. On a déjà essayé parfois de confier de petits travaux de construction à une association d'ouvriers des différentes branches, aucun d'entre eux n'étant lui-même patron. Cette forme d'association offre surtout des perspectives de succès lorsque les intéressés se bornent à de simples travaux sans s'occuper de la fourniture de matériaux.

L'apogée des coopératives est sans doute marqué par les « coopératives de colonisation intérieure », dont il est tant question aujourd'hui. Lorsqu'elles ont réellement pour but l'exploitation agricole en commun, elles peuvent tout au plus être considérées comme coopératives destinées à aider l'économie familiale privée. Mais lorsque, comme c'est le plus souvent le cas jusqu'ici, elles ne font entreprendre en commun que la mise en état du terrain, et se contentent ensuite d'aider leurs membres dans leur exploitation agricole autonome et de compléter celle-ci sur certains points par une organisation commune, elles sont de véritables coopératives ayant pour but d'aider l'activité d'acquisition agricole de leurs membres. Il reste à savoir si elles acquerront en Allemagne une grande importance. Dans les territoires nouvellement colonisés le premier établissement s'effectue le plus souvent par la collaboration et l'aide réciproque des colons sans qu'il se constitue à proprement parler d'organisations coopératives.

Parmi ce que l'on appelle les « coopératives de production » qui étaient, avant la guerre, au nombre de 329 en Allemagne et de 506 en France, il n'en est qu'un très faible nombre qui se rapprochent de l'idéal de Schulze et de Lassalle et pas une ne lui correspond parfaitement. Presque toutes ces soi-disant coopératives de production sont en effet de simples coopératives de production partielle ou de fourniture de matériaux, telles que les brasseries, les fabriques d'eau minérale qui appartiennent à des hôteliers ou à des cultivateurs. Mais même dans les quelques coopératives où les membres eux-mêmes travaillent dans et pour la coopérative, ces membres ne constituent en règle générale qu'une faible fraction des employés de la coopérative.

La pensée idéale que des exploitations appartiennent en communauté et exclusivement aux ouvriers qui y travaillent n'est réalisée parfaitement sur une assez grande échelle que par quelques communautés communistes de l'Amérique du Nord. Ainsi la fameuse communauté allemande *Amaña* dans l'État de Java, la plus grande communauté communiste des États-Unis, peut être considérée comme une grande coopérative de production. Mais elle est bien plus que cela par le fait que là, non seulement l'économie d'acquisition, mais encore l'économie domestique, c'est-à-dire au moins tout le sol, les maisons et même une partie du ménage (maisons à cuisine commune) sont propriété collective. De telles sociétés n'ont existé jusqu'ici que sur une base religieuse (1).

Le tableau suivant indique, pour l'Allemagne, le développement et le nombre des coopératives inscrites.

	1920	1900	1895
Coopératives de crédit	19.261	16.892	8.069
dont associations de caisses de prêts	17.358	—	—
Coopératives de matières premières industrielles	1.707	200	58
Coopératives de matières premières agricoles	3.276	1.845	1 085
Coopératives d'achat de marchandises	1.133	141	—
Associations d'outillage industrielles	327	390	21
dont pour l'électricité . . .	38	—	—
Associations d'outillage agricoles .	3.301	399	248
dont pour l'électricité . . .	2.410	—	—
Coopératives de magasins industriel- les	540	81	56
Coopératives de magasins agricoles.	710	314	3
Coopératives de production indus- trielles	1.150	275	169
Coopératives de production agricoles	3.780	3.481	1 610
dont laiteries.	3.182	—	—
Coopératives d'élevage. . . .	638	162	—
Coopératives de consommation . .	2.233	2.110	1 400
Coopératives de construction et d'ha- bitation.	2.266	844	132
Autres.	475	419	184
Total	63.723	27.652	13.035

3.023 coopératives existant au début de 1919 n'ont plus été comptées par suite des pertes territoriales imposées à l'Allemagne par le traité de paix : 580 pour la Prusse occidentale, 1133 pour la Posnanie, 22 pour la Silésie,

(1) Sur les communautés communistes, cf. mon article, *die heutigen communistischen Gemeinden in Nordamerika, Conradsjahrbücher*, 1908, 3e série, tome 30.

328 pour les pays rhénans, 924 pour l'Alsace-Lorraine. Mais il a été constitué, en 1919, 5.323 coopératives nouvelles, tandis que 711 se sont dissoutes. Sur les 40.635 coopératives inscrites qui existent actuellement en Allemagne, 21.006 étaient à caution illimitée, 19.485 à caution limitée, 144 avec obligation illimitée de versements complémentaires.

4. Coopératives ayant pour but d'aider l'économie familiale

Examinons maintenant brièvement les différentes espèces de coopératives. C'est un phénomène curieux que, dans chaque pays, Allemagne, Angleterre ou France, ce soit une forme différente de coopérative qui ait pris la plus grande extension. Ce sont en Allemagne les coopératives de crédit, en Angleterre les coopératives de consommation, en France les coopératives d'achat, de vente et de production.

Cette différence provient en partie de l'évolution économique différente de ces pays. Lorsqu'en Angleterre apparurent les sociétés coopératives, la grande industrie était déjà assez développée, il y avait une classe nombreuse d'ouvriers de fabrique. Celle-ci s'empara surtout de l'idée de coopération et il s'ensuivit le développement considérable des sociétés coopératives de consommation. En Allemagne, à l'apparition des sociétés coopératives il n'existait presque exclusivement que la petite industrie. Celle-ci chercha avant tout à se maintenir par la coopération du crédit ; et de même, dans l'agriculture, une amélioration du crédit par les petites exploitations apparut comme la tâche principale des sociétés coopératives après que la grande exploitation eût créé elle-même des organisations communes dans le même but. Enfin, le développement en France des sociétés de production est dû à l'extension déjà ancienne des idées socialistes, qui mettaient la plus grande espérance dans l'union des faibles pour une production commune.

Commençons par les coopératives de consommation. Leur patrie est l'Angleterre et elles remontent au réformateur social Robert Owen (1771-1859). Owen, qui avait fondé dans les années 1820 des colonies communistes en Amérique, puis vers 1830, à Londres, une banque pour l'échange des bons de travail, se consacra dans les années *trente*, aux sociétés coopératives. Son but était l'organisation communiste du monde au moyen de coopératives de production. C'étaient les coopératives de consommation qui devaient remplacer les entreprises privées par de telles coopératives. Celles-ci devaient petit à petit arriver à satisfaire elles-mêmes tous les besoins de leurs membres. C'est ainsi que, sur son instigation, se fondèrent plusieurs centaines de coopératives à base socialiste. Mais elles durèrent aussi peu que toute l'agitation socialiste que l'on a nommée l'agitation chartiste, à laquelle elles devaient leur fondation.

L'évolution actuelle des coopératives de consommation anglaises se rattache beaucoup plus à la société des « equitable pioneers » de Rochdale, que fondèrent en 1844, 28 pauvres tisserands de flanelle. Eux aussi avaient les idées d'Owen. Chacun versa une livre sterling. Ils ouvrirent ainsi une boutique et ils espéraient peu à peu, par leur extension, pouvoir enfin prendre en mains la production des marchandises qu'ils vendaient, voire même établir une communauté tout à fait fermée dans le sens de Owen. Bien que tout cela ne se soit pas réalisé, cette société n'en reste pas moins l'exemple le plus brillant des Annales de la coopération. Les principes auxquels elle dut son succès et qui en firent le modèle de toutes les coopératives de consommation, d'abord en Angleterre, puis dans le monde entier, sont les suivants :

1° Vente des marchandises aux membres de la société non pas au prix coûtant, mais au prix courant de l'endroit.

2° Répartition des bénéfices obtenus entre les membres non pas, comme dans les entreprises sociétaires, proportionnellement au capital engagé par chacun, mais aux achats de chacun. Cette répartition a lieu en général par la distribution de timbres correspondant à chaque achet, qui, à la fin de l'année, sont repris par la société contre une somme déterminée. Mais, ordinairement, tout le bénéfice n'est pas distribué ; on en conserve une partie pour rendre possible la production de nouveaux objets de consommation. On aura une idée de l'extension considérable qu'a prise cette première coopérative de consommation dont les débuts avaient été si modestes, si l'on considère qu'en 1909, elle comptait près de 17.000 membres dont les actions s'élevaient à 7 millions de marks et qui achetaient pour 8 millions de marchandises. Sur le modèle des « pioneers de Rochdale » les coopératives de consommation anglaises ont pris une extension extraordinaire. Beaucoup se sont mises à fabriquer elles-mêmes une partie de leurs marchandises et elles ont fondé surtout des boulangeries et des fabriques de chaussures. Mais, il ne s'agit pas de coopératives de production au sens original du mot, bien qu'elles soient souvent désignées ainsi. Car les ouvriers ne sont pas, dans ces exploitations, eux-mêmes les entrepreneurs ; ils reçoivent un salaire comme dans n'importe quelle autre exploitation. Même s'ils sont membres de la coopérative de consommation, ils ne sont pas cependant, pour ce qui est de leur situation par rapport à l'économie d'acquisition, des entrepreneurs, mais des ouvriers salariés.

Les coopératives anglaises de consommation se sont réunies dès 1850 en une fédération et ont fondé en 1863 la première « société pour les achats en gros », à Manchester. Après quelques années, il s'en fonde une autre à Glasgow pour les coopératives de consommation écossaises. Ces sociétés doivent effectuer, pour les coopératives de consommation, l'achat des marchandises et de leur côté elles se sont annexé de nombreuses exploitations de production pour produire elles-mêmes des marchandises, ce que ne pourrait pas faire une coopérative de consommation isolée. Elles occupent dans ces exploitations plus de 20.000 personnes, plus 5.000 dans les exploitations commerciales. Leur capital s'élève à 40 millions de marks, leur chiffre d'affaires va jusqu'à 700 millions de marks. La fédération des coopératives de consommation britanniques comprenait à la fin de 1909, 1.558 coopératives ayant plus de 2,5 millions de membres, dont les actions s'élevaient à 700 millions de marks et qui vendaient pour 2 milliards 1/2 de marchandises.

L'exemple de l'Angleterre dans le mouvement des coopératives de consommation fut suivi par les autres pays. Elles se sont développées particulièrement en Belgique, en partie comme organisations socialistes, en partie sur une base confessionnelle. Les deux grandes coopératives de consommation socialistes de Bruxelles et de Gand sont sans doute les plus grandes de leur genre sur le continent.

En Allemagne, les coopératives de consommation anglaises furent connues de très bonne heure par les descriptions de l'économiste Victor Aimé Huber. Mais elles s'y sont développées plus tard que les coopératives de crédit et d'achat de matières premières. Elles se heurtèrent à l'opposition violente des petits détaillants et des artisans. Dans l'intérêt de ceux-ci, la loi de 1889 prescrivit que les coopératives de consommation ne pouvaient vendre qu'à leurs membres, mais cela n'eut pas d'autre effet qu'un accroissement considérable du nombre des membres. Les plaintes des détaillants ne peuvent toutefois être qualifiées de complètement illégitimes. Elles sont fondées surtout parce que les coopératives de consommation leur enlèvent précisément l'écoulement des marchandises les plus courantes sur lesquelles les commerçants, par suite de la consommation en masse, gagnent le plus. Les coopératives de consommation se bornent précisément d'habitude à l'achat et à la vente de ces sortes de marchandises. Or ceci a eu pour effet que les détaillants durent augmenter le prix des marchandises dont la vente leur restait. Cependant on ne saurait dire que les coopératives de consommation, pas plus que les grands magasins dont l'action est la même, soient la raison principale de la situation effectivement souvent très défavorable du petit commerce. Celle-ci provient surtout de leur propre concurrence, de l'encombrement de la profession, du fait que tout le monde, à l'aide du crédit, presque sans capital personnel, peut ouvrir un magasin.

Les tendances opposées aux coopératives de consommation ont été surtout satisfaites en Allemagne par l'im-

position de celles-ci. Mais aussi bien la nature de l'impôt
que son champ d'action est très différente dans les divers
États confédérés. Certains États ne les soumettent qu'à
la patente, contre quoi il n'y a rien à objecter, mais d'autres les soumettent à l'impôt sur le revenu, voire même
à un impôt spécial sur le chiffre d'affaires. D'une part on
impose toutes les coopératives de consommation, de l'autre seulement celles qui sont inscrites, qui tiennent boutique, qui vendent à des étrangers, qui distribuent des
bénéfices, etc. L'imposition des bénéfices des coopératives sans défalcation sur le revenu des coopérateurs est
en tout cas une double imposition et elle a fait souvent
que les associations ont abandonné le principe de la vente
au prix courant du lieu pour faire ainsi disparaître le
« bénéfice ».

Les coopératives de consommation pratiquent généralement la vente des marchandises dans leur propre magasin, mais souvent elles font leurs affaires par l'intermédiaire
de fournisseurs. La coopérative adresse ses membres aux
commerçants qui lui achètent des timbres de rabais à un
certain prix et les donnent au client proportionnellement
au montant de ses achats. Sur ces timbres, celui-ci touche
à la fin de l'année le dividende fixé. L'avantage du commerçant réside ici, de même que dans les sociétés de
timbres-rabais, aujourd'hui si répandues, dans la disparition du crédit par le paiement au comptant. Mais ce système tombe de plus en plus en désaffection. C'est qu'il
n'exclut pas le bénéfice de l'intermédiaire. Les sociétés de
timbres-rabais aussi, qui devraient, par leur dividende,
détourner quelque peu le public des coopératives, ne peuvent pourtant pas obtenir les résultats de celles-ci. Il a
été constaté que les frais d'une coopérative de consomma-

tion bien gérée sont moindres que ceux même des grands
magasins. Abstraction faite de cela, la plus importante
conséquence des coopératives est d'habituer le consommateur à payer comptant. Les classes les plus pauvres
surtout ne sont que trop disposées, dans une situation
défavorable, à acheter à crédit chez le détaillant et elles
tombent ainsi souvent peu à peu dans la pire des misères.
Ce qui dans les classes pauvres est le résultat d'une gêne
momentanée résulte pour les classes plus riches de la
négligence ou de la légèreté. On ne considère pas que
l'achat à crédit doit faire augmenter le prix des marchandises, le commerçant devant calculer des intérêts pour le
retard de ses encaissements.

Si cela est déjà une raison importante pour laquelle la
société coopérative peut vendre meilleur marché que les
petits détaillants, il vient s'y ajouter encore le fait que
ceux-ci ont en général un débit beaucoup moins étendu.
Ils doivent donc, ne possédant pas de capital personnel,
acheter les marchandises en petites quantités, également
à crédit, et, par conséquent, plus cher, si bien que, du
côté de l'achat également, l'avantage revient à la coopérative de consommation et, par là, à ses membres. Les
coopératives allemandes de consommation ont su augmenter encore cet avantage provenant de l'achat par le fait
qu'un grand nombre de ces sociétés voisines ont fondé des
associations d'achat qui ont leurs journées d'achat. Mais
les sociétés allemandes ont été encore plus loin dans l'imi-
tation des sociétés anglaises et elles ont fondé à Ham-
bourg, en 1894, la « Société d'achat en gros des coopératives de consommation allemandes, à garantie limitée ».
Cette société d'achat en gros a pris elle-même en mains la
production. Elle possède des savonneries, des fabriques de

cigares, d'allumettes et de pâtes, qui occupaient en 1915 plus de 2.000 ouvriers. Son chiffre d'affaires atteignait en 1920, 1 milliard de marks.

Les coopératives allemandes forment deux grandes fédérations : le *Hamburger Verband* et l'*Allgemeiner Verband*. Le nombre de leurs membres, qui était de 1.500.000 en 1910, a depuis plus que doublé. Il n'est pas étonnant que la rareté des produits pendant la guerre et les augmentations considérables que le commerce de détail fait subir au prix pour se couvrir de l'élévation croissante de ses frais généraux, que les difficultés générales de la vie aient donné, au cours des dernières années, un grand essor au mouvement coopératif.

Parmi les coopératives qui aident l'économie familiale de leurs membres se trouvent aussi les coopératives de construction. Leur but est de faciliter à leurs membres l'acquisition de la base la plus indispensable de l'économie familiale, l'habitation elle-même. Il y en a de deux sortes : 1° celles qui font à leurs membres des avances pour l'acquisition d'une maison ; ce sont les *building societies*, qui se sont fondées principalement en Angleterre et en Amérique, où les maisons particulières sont très répandues. Elles sont, à vrai dire, une espèce de coopérative de crédit ; 2 °celles qui bâtissent elles-mêmes, qu'on appelle en Angleterre et en Amérique les *Land and Building Societies*. Elles ont été fondées principalement en Allemagne, et surtout pour des maisons de rapport. La première phase de fondation de ces coopératives de construction dans les années *soixante* et *soixante-dix* eut un résultat négatif, par suite de la grande crise de 1873. En 1888, il n'y en avait plus que 28. Depuis lors commença un progrès, d'abord lent puis toujours plus rapide.

En 1900, il y en avait déjà plus de 400 et, en 1910, plus
de 1.000. En 1919, il a été fondé 767 coopératives de
construction nouvelles, qui pourtant n'arrivent pas à
remédier à la crise énorme du logement. Déjà avant la
guerre, elles n'arrivaient à donner un logement qu'à un
de leurs membres sur cinq : elles ont construit, jusqu'à 1910, environ 14.000 maisons avec 40.000 loge-
ments. Aujourd'hui, par suite de l'accroissement énorme
du coût de la construction, que ne peuvent pas suivre les
prix de location, la situation est naturellement encore
bien plus défavorable.

Elles ont amené aussi bien des abus et bien des dangers. En premier lieu, il n'y a qu'une partie tout à fait
infime du capital nécessaire, rarement plus de 10 % quelquefois moins de 5 %, qui soit payée par les membres eux-
mêmes. La construction de bâtiments n'était donc possible
qu'avec un crédit considérable, et ces sociétés ne devaient
leur grand développement qu'à la faveur des corps publics,
de l'administration des chemins de fer et des postes, surtout des établissements d'assurance contre l'invalidité, qui
ont mis à leur disposition plusieurs centaines de millions
aux conditions les plus avantageuses. La création d'habitations à bon marché pour les classes pauvres est, sans
doute, un des problèmes les plus importants de la politique sociale. Mais il est apparu que les coopératives ne
sont pas particulièrement aptes à cette entreprise, parce
que cette forme d'entreprise, qui permet à ses membres de
retirer leur part de capitaux dans un délai très court,
rend impossibles la stabilité et la sécurité nécessaires à
l'acquisition d'un grand capital immobilier. Il n'en est
pas moins vrai que la grande crise du logement, à laquelle
les corps publics, malgré la dépense de centaines de mil-

lions de marks, n'arrivent pas à remédier, donnera un regain d'extension aux coopératives de construction.

En général, l'expérience montre que les coopératives de consommation, de même que les coopératives de construction, jouent un rôle moins important dans les classes inférieures de la population que dans les classes moyennes. Le fait d'appartenir à une coopérative de consommation ou de construction est déjà le signe d'un niveau d'existence qui dépasse celui du prolétariat. Ce sont les petits employés et les petits artisans qui constituent la majeure partie des membres de ces coopératives plutôt que les ouvriers proprement dits. Cependant l'accroissement du nombre des membres venant des couches ouvrières supérieures indique que celles-ci se dégagent du prolétariat.

5. Coopératives ayant pour but d'aider l'économie d'acquisition

Parmi celles-ci, ce sont les « coopératives de crédit » qui ont acquis en Allemagne le plus d'importance. Sur un chiffre total de 40.635 coopératives, il y avait 19.261 coopératives de crédit, soit 47,4 %. En 1910, cette proportion était de 57,3 %. Cette évolution montre dans quelle partie de la population la coopération s'est surtout développée en Allemagne. Ce n'est pas, comme en Angleterre, la classe ouvrière qui vit dans les coopératives de consommation la forme la plus utile de coopération, mais celle des petits producteurs indépendants : des artisans et tout principalement des cultivateurs, et aussi des petits commerçants. Ce dont ces individus avaient surtout besoin, c'était du capital et, plus exactement, d'un capital toujours plus considérable, à mesure que la grande exploitation se développait dans l'industrie et le commerce. Comme leur capital personnel ne répondait plus aux besoins croissants, il ne leur restait que la voie du *crédit.* C'est là que l'*idée coopérative,* en union étroite avec celle déjà appliquée de la *garantie solidaire,* a trouvé son expression la plus remarquable.

Parmi les coopératives antérieures au XIXᵉ siècle, se rapprochent le plus des nôtres les *Landschaften* prussiennes, qui, depuis 1770, furent créées d'abord en Silésie, pour l'obtention d'un crédit hypothécaire, surtout pour les grands domaines. Elles étaient aussi, bien que n'étant pas des coopératives obligatoires, des corporations de droit public avec collaboration de l'État. Leur principe, la garantie solidaire, la substitution de la cédule hypothécaire garantie par la collectivité à l'hypothèque individuelle est, aujourd'hui encore, la base des coopératives de crédit.

Ce fut en effet l'idée de la garantie solidaire qui fut mise en avant dès le début par les fondateurs des coopératives de crédit modernes. Le juge de district Hermann Schulze de Delitzsch avait déjà créé dans l'été de 1849, dans sa ville natale, une caisse de secours pour la maladie et d'assurance sur la vie, dans le même genre que celles qui existaient depuis longtemps en beaucoup d'endroits. Mais la même année, il fonda une coopérative de menuisiers et une de cordonniers pour l'achat de matières premières qui furent les premières organisations de ce genre en Allemagne ; et il lui vint l'idée de venir en aide à ces petits artisans dans leurs achats par la concession de crédits. De telles caisses de prêt et associations de secours n'étaient pas rares non plus, mais ce qui était nouveau, c'était l'idée de les créer par la voie de l'entr'aide coopérative. Pendant que Schulze avait été déplacé de Delitzsch pour avoir participé au mouvement libéral, un de ses amis, le docteur Bernhardt fonda dans la ville voisine de Eilenburg sur ces principes, en 1850, la première coopérative de crédit. Schulze, après avoir pris sa retraite en 1851, se consacra tout entier à la coopération et en particulier les coopératives de crédit, les *Volksbanken,* comme il les nommait, prirent un rapide développement. En 1859, Schulze fonda l'*Allgemeiner Verband der deutschen Erwerbs = und Wirtschaftgenossenschaften,* qui a aujourd'hui son siège à Berlin.

Les coopératives de crédit de Schulze étaient à l'origine destinées à de petites exploitations de tout genre : artisans, marchands, cultivateurs, services personnels, etc., et jusqu'à aujourd'hui elles ont maintenu ce principe. Toutefois, dès le début des années 60 certaines coopératives de crédit destinées aux agriculteurs se mirent à prendre un développement de plus en plus considérable. Ce furent les *Darlehenskassenvereine* que fonda à partir de 1862 le bourgmestre de Heddesdorf près de Neuwied : Fr. W. Raiffeisen. Elles étaient en effet par leur organisation généralement mieux adaptées aux besoins spéciaux des agriculteurs que les *Volksbanken* de Schulze. Il y a des différences considérables entre les besoins de crédit et la solvabilité des agriculteurs d'une part et des artisans urbains de l'autre. Il faut avant tout à l'agriculteur un crédit à échéance plus longue que ne le consentent les banques populaires (*Volksbanken*), qui dépassent rarement quelques mois. Par contre, les caisses de prêt (*Darlehnskassen*) accordent un crédit d'une ou de deux années. Par

ailleurs également Raiffeisen introduisit toutes sortes de
dispositions spéciales qui répondaient spécialement aux
besoins de l'agriculture. Elles étaient limitées à l'endroit,
de sorte que les directeurs connaissaient la solvabilité des
emprunteurs. Le crédit est généralement crédit sur caution, tandis que les *Volksbanken* travaillent le plus souvent au moyen d'effets. Dans les *Volksbanken* des actions
plus élevées et la répartition de l'excédent entre les membres doivent être un stimulant à l'épargne et permettre
ainsi également de réunir le capital nécessaire au but de
la coopérative. Chez Raiffeisen, la propriété foncière des
coopérateurs est la première base du crédit. Il ne veut pas
d'actions élevées, et non plus de répartition de l'excédent.
Les bénéfices vont à un fonds spécial destiné à des buts
d'utilité générale. Les caisses de prêt, de même que les
banques populaires, se procurent leurs capitaux surtout par
des dépôts d'épargne qu'elles sollicitent même des étrangers. Mais elles ont à lutter ici, et avec les caisses d'épargne, et, dans les derniers temps aussi, de plus en plus avec
les grandes banques de crédit, qui cherchent à accaparer
tous les dépôts. Mais, dans les derniers temps, le système
des comptes courants s'est développé de plus en plus dans
les caisses de prêts, ce qui en fait la banque de l'agriculture.

La direction des caisses de Raiffeisen est honorifique,
seul le comptable peut être rétribué. Raiffeisen se pro-
posait également avec ces banques des buts sociaux et
religieux d'ordre général, tandis que Schulze voulait faire
de ses *Volksbanken* des entreprises purement commerciales. Tous deux accordent naturellement un crédit personnel, mais on trouve aussi dans les caisses de prêt le
crédit hypothécaire dans des proportions assez considéra-

bles, souvent, il est vrai, uniquement comme hypothèques de garantie. La concession de crédit sur hypothèques avec l'argent des dépôts est très sujette à caution, et, en effet, dans ces caisses, il arrive parfois que l'argent liquide soit fort rare. On a même enregistré assez souvent des faillites.

Les caisses Raiffeisen se groupèrent également, en 1877, en une union, mais il se détacha bientôt en particulier les sociétés hessoises, qui formèrent l'organisation appelée aujourd'hui : *Reichsverband der deutschen landwirtschaftlichen Genossenschaften*, dont le siège auparavant à Offenbach, puis à Darmstadt, est aujourd'hui à Berlin. C'est la plus grande de toutes les fédérations coopératives allemandes : elle groupait dès le début de 1917 plus de 19.000 coopératives agricoles, dont 11.641 coopératives d'épargne et de prêts.

De même que les coopératives de consommation se réunissent pour former une coopérative centrale d'achat, de même les sociétés de crédit ont créé une organisation commune. Principalement dans les caisses de prêts agricoles, un échange d'argent entre les différentes sociétés est souvent nécessaire et on a essayé de bonne heure de réunir les sociétés locales en caïsses de crédit provinciales et nationales. Aussi longtemps qu'a existé la garantie illimitée, cela a été difficile à cause des rapports juridiques complexes qui en résultaient. Mais lorsque la loi de 1889 eut rétabli la garantie limitée, il se fonda de nombreuses coopératives centrales de crédit. Le fait que plusieurs d'entre elles ne portent pas, au point de vue juridique, le caractère de coopératives n'a naturellement aucune influence sur leur rôle économique.

Les coopératives de Schulze fondèrent d'abord en 1865

la banque coopérative *Soergel, Parrisius et C*ⁱᵉ à Berlin, dont le capital était, au début, seulement de 3/4 de million de marks et qui monta peu à peu à 36 millions. Elle organisa aussi des opérations de virement entre ses membres et l'encaissement de leurs traites. Dans la crise de 1900, elle eut des embarras d'argent, à cause de spéculations, et elle fut incorporée en 1904 par la *Dresdener Bank*, qui forma un office spécial pour les coopératives.

Raiffeisen avait, en 1872, fondé à Neuwied la première caisse centrale de crédit sous la forme de coopérative. Il en fut fondé quelques autres, mais ce n'est qu'en 1876 que la société par actions *Landwirtschaftliche Zentraldarlehns-kasse* joua un rôle important, à Neuwied. Dans les dernières années, elle est entrée en relations étroites avec la *Preussenkasse*, puis en 1911, avec la *Dresdener Bank* également, après avoir, en 1910, transféré son siège à Berlin.

Les sociétés coopératives organisées dans le *Reichsverband* avaient un grand nombre de caisses centrales provinciales. En 1902, on les réunit par la *Landwirtschaftliche Reichsgenossenschaftbank*, de Darmstadt, qui, depuis 1907, est une société par actions avec un capital de 5 millions. En tant que société pour le commerce en gros, elle dut aussi s'occuper de l'achat et de la vente des matières premières et aussi des produits agricoles. Elle a subi, à cause de cela, des pertes importantes et est entrée en liquidation. Une grande partie des caisses centrales, même non prussiennes, se rattachèrent alors à la *Preussenkasse*.

Il y a encore, en outre, un grand nombre de caisses de crédit centrales provinciales autonomes. Pour unir toutes ces caisses coopératives, faciliter les échanges entre

elles et leurs relations avec le marché de l'argent, pour
faciliter, en un mot, le crédit personnel des coopératives,
fut fondée en 1895 par le Ministre des finances de Prusse
Miquel, la *Preussische Zentralgenossenschaftskasse*.
L'État y participa par une mise de cinq millions de
marks, qui fut élevée peu à peu jusqu'à 75 millions. De
plus, différentes caisses coopératives y participent pour
environ 1 million 1/2. Elle n'accorde de crédit, en général, qu'aux caisses régionales et non à chaque coopérative
en particulier, mais elle fait une distinction selon que ces
caisses sont elles-mêmes des coopératives ou non. Dans
le second cas, en effet, elle ne prend pour base, dans la
concession du crédit, que leur fortune propre, pendant
qu'elle tient compte, dans les caisses à forme coopératives, des cautions des coopératives qui y participent. La
Preussenkasse a peut-être été trop loin dans la concession de crédit à un taux très faible, sans cependant satisfaire en particulier les coopératives urbaines.

On observe, en effet, que le besoin de crédit n'a pas
de limites. Plus le crédit se trouve étendu, plus il y a de
gens sans capitaux qui cherchent à se rendre indépendants, plus le nombre des petits artisans et commerçants
augmente et plus le besoin de crédit augmente de nouveau. Lorsqu'on accorde à quelques-uns un crédit à taux
très bas par l'intermédiaire d'établissements d'État, les
autres se plaignent naturellement. Il dépasserait notre
cadre de nous étendre sur le problème du crédit et de
ses différents aspects dans l'industrie et dans l'agriculture.
En tout cas, la croyance que, par une telle extension et
par un abaissement du taux du crédit, on pourra résoudre
le problème de la classe moyenne, voire même qu'à tout

prix ce soit une chose nécessaire et désirable, est parfaitement absurde.

Le problème principal pour les coopératives de crédit
est aujourd'hui de savoir si elles doivent prêter presque
uniquement leur propre capital, ou bien si elles doivent
devenir des banques, qui se procurent leur capital en
grande partie au moyen de dépôts. Pour les coopératives
agricoles, il serait mieux, en principe, pour des raisons de
technique bancaire, à cause justement du besoin d'un
crédit à longue échéance, de choisir le premier mode.
Mais, d'autre part, l'éducation financière des agriculteurs
qui résulterait de comptes courants dans un établissement
de crédit, fait que l'on ne peut pas interdire aux coopératives sérieuses et bien gérées l'acceptation de dépôts qui
amène avec leurs membres des relations durables sous la
forme de comptes courants. Naturellement ces dépôts ne
doivent pas être placés dans des prêts à longue échéance.

Les coopératives de crédit ont eu une utilité considérable surtout dans le passé. On ne peut pas louer assez
ce qu'elles ont fait pour la libération principalement des
paysans, qu'elles ont rendus indépendants du marchand,
et par suite pour la diminution de l'usure. Aujourd'hui,
cet état de choses n'a pas tout à fait disparu et les sociétés
de crédit peuvent encore rendre des services. Mais il est
désirable, en général, que, même pour les petites économies d'acquisition, s'étende un système d'échange se rapprochant plus de celui de la banque que celui que les
coopératives, de par leur nature, sont capables d'établir.
Dès que la surabondance monétaire provenant de l'inflation aura cessé, la situation de tous les établissements
de crédit et des coopératives de crédit en Allemagne, sera
très difficile.

Nous avons insisté plus longuement sur les coopératives de crédit à cause de leur importance toute particulière en Allemagne. Pour les autres espèces de coopératives, nous pouvons être plus courts. Les plus nombreuses d'entre elles sont les laiteries coopératives, c'est-à-dire des coopératives de vente avec travail partiel des produits. Leur nombre, y compris celles qui ne sont pas organisées sous la forme coopérative, dépassait, en 1901, 4.000 avec plus de 300.000 membres. Elles perçurent pour ceux-ci environ 400 millions de marks. Elles sont une conséquence du progrès technique (invention de la centrifuge à la fin des années 70) d'une part, d'autre part de la demande de produits plus fins que l'exploitation primitive de l'économie paysanne ne pouvait fournir. Par suite, la coopérative était tout indiquée : elle établissait des usines et des installations, ce que n'auraient pu faire des particuliers. Mais à côté de la fabrication du beurre, la vente du lait frais par les coopératives de production a pris dans les derniers temps une importance de plus en plus grande, par suite de l'accroissement de la population urbaine et par conséquent surtout dans le voisinage des villes. La fabrication du beurre et du fromage, qui est de moindre rapport, a été davantage refoulée dans les contrées plus reculées. Le régime de réquisition du temps de guerre, la crise du fourrage et du combustible, ont naturellement rendu très difficile l'exploitation des laiteries coopératives.

Les autres coopératives de vente agricoles sont de moindre importance. Des coopératives de vente pour les deux plus importants produits agricoles, pour les céréales et pour le bétail, ont à lutter avec les plus grandes difficultés. On peut juger des valeurs qui sont en jeu par le fait que la vente annuelle de ces deux catégories de produits dépasse en Allemagne 8 milliards de marks. La part des coopératives dans cette vente est tout à fait infime. Dans les années 90, on a fait une grande propagande pour l'organisation coopérative de magasins de blé. Le gouvernement prussien offrit 5 millions de marks. Le succès n'a pas été très considérable. La différence de qualité des céréales cultivées en Allemagne, qui d'ailleurs est souvent un obstacle à la vente dans de bonnes conditions, rendit également difficile la vente coopérative. De plus, on n'a pas pu le plus souvent se résoudre à introduire pour les membres la livraison obligatoire et ceux-ci ne se souciaient souvent pas de la coopérative quand un commerçant leur offrait un peu plus. Enfin des maladresses dans la direction amenèrent assez souvent des pertes. C'est encore chez les petits paysans de l'Allemagne du Sud que les coopératives pour la vente du blé ont eu le plus de succès. Pourtant la vente coopérative n'atteint pas encore 4 % de la production annuelle.

Les coopératives pour la vente du bétail ont eu dans les dernières années meilleur succès. Leur développement est particulièrement important, car c'est surtout dans le commerce du bétail qu'on trouve encore de grands abus ; les petits cultivateurs sont souvent dans la dépendance absolue des marchands et même de grands éleveurs étaient complètement tenus à l'écart du marché de la boucherie par le commerce. Les coopératives durent donc s'occuper de gagner de l'influence sur le marché, de remplacer le commerçant par le commissionnaire de la coopérative. Les coopératives pour la vente du bétail ont été organisées sous deux formes : celles qui achètent le bétail de leurs membres pour le revendre ensuite à leur propre compte et celles qui ne font que vendre en commission pour les différents membres. Celles-ci sont les plus fréquentes. Aussi bien leur faut-il moins de capital. Dans ces coopératives aussi la différence des qualités crée de grandes difficultés. Aussi est-ce surtout la vente coopérative des porcs qui s'est surtout développée, car ces différences y sont moins importantes. L'organisation de boucheries appartenant à la coopérative n'a pas eu de succès jusqu'ici. Les coopératives pour la vente du bétail sont en tout cas en honneur, encore susceptibles de grands développements.

Il y a encore quelques autres espèces de coopératives de vente agricole : des fabriques de sucre et d'amidon, les premières, le plus souvent, sous forme de sociétés par actions. On trouve des distilleries coopératives. Les coopératives pour la vente des fruits et les coopératives de vignerons, qui devaient faire concurrence au commerce des vins en livrant directement au consommateur, n'ont, le plus souvent, pas eu de succès.

Par contre, les coopératives d'achat agricoles ont acquis une grande importance. Il y en a plus de 2.000, surtout pour les engrais et le fourrage et aussi pour les semences. Leur importance réside d'abord dans le fait qu'elles écartent le commerce, qu'elles obtiennent par là pour leurs membres des prix d'achat plus bas et, d'autre part, dans le soin qu'elles ont de la qualité des marchandises. Elles ont la possibilité d'entrer en relations avec les stations agronomiques qui ont été créées en grand nombre, surtout par les chambres agricoles. Les coopératives d'achat peuvent acheter en commission pour leurs membres ou sur commande fixe de ceux-ci ou en stocks. Ce dernier cas est plus rare. Les grandes associations agricoles, le *Bund ded Landwirle* et la *Deutsche Landwirtschafts-gesellschaft* ont également des coopératives d'achat, principalement pour les scories Thomas et la potasse. Ces coopératives sont encore susceptibles d'une grande extension.

Il en est de même des coopératives de main-d'œuvre agricole. Parmi celles-ci les coopératives d'électricité, aujourd'hui au nombre de 2.410, ont pris, dans les dernières années, une grande extension. Viennent ensuite les coopératives pour le battage des céréales. Il existe aussi des coopératives d'adduction d'eau, d'ensemencement, de moisson, d'épandage. Dernièrement se sont développées des sociétés pour le séchage des fanes de pommes de terre et de betteraves d'après de nouveaux procédés, qui obtiendront une importance considérable si elles parviennent à conserver mieux que par les procédés ordinaires ces produits si importants pour l'alimentation du bétail.

Les coopératives industrielles et commerciales, en un mot les coopératives urbaines, ont eu moins de succès que les coopératives agricoles. Si l'on considère uniquement les coopératives d'achat, de vente et de main-d'œuvre, il y avait, en 1909, seulement 1.000 coopératives industrielles en face de 7.000 coopératives agricoles. La raison principale de ce développement plus considérable des secondes ne réside pas dans la situation défavorable de l'agriculture allemande en général dans les dernières décades, car bien des branches industrielles ont beaucoup à souffrir de la grande entreprise. Mais elle est dans ce fait que, dans l'agriculture. le petit producteur était beaucoup plus dépendant du marchand que dans l'industrie, là où il n'existait pas de coopérative. Les relations avec le marché lui manquaient beaucoup plus qu'à l'artisan urbain et il se trouvait ainsi à la merci du marchand, qui connaissait exactement le marché. Celui-ci exploitait sa situation vis-à-vis des agriculteurs, comme autrefois l'entrepreneur-commerçant vis-à-vis de l'artisan et du petit industriel. Le mérite des coopératives agricoles a été de modifier cet état de choses.

Au contraire, le petit industriel urbain et le marchand souffrent principalement de ne pouvoir écouler les produits de leur industrie, parce que la grande entreprise leur a enlevé tous les débouchés. Les coopératives n'y peuvent pas grand'chose. Seulement dans quelques cas très rares, elles sont capables de conférer à leurs membres les avantages techniques de la grande exploitation. Seulement là où la petite exploitation est encore vivace, la société coopérative peut favoriser et compléter l'économie d'acquisition de ses membres. C'est le cas des coopératives d'outillage, les plus nombreuses de toutes, qui mettent à la disposition de leurs membres certaines machines, principalement de grandes machines pour le travail du bois. Rentrent dans cette catégorie également les abattoirs coopératifs des bouchers, les moulins coopératifs des boulangers. Il n'en est pas moins vrai que, depuis la guerre, la coopération a fait de grands progrès dans les branches industrielles, comme le montre la statistique donnée plus haut, principalement pour l'achat des matières premières. Les coopératives de magasins aussi ont plus que quintuplé au cours des six dernières années, bien qu'impliquant de grandes difficultés. Qu'elles achètent les produits des artisans ou qu'elles les vendent en commission, les différends entre la direction et les membres sont, en effet, très communs.

La plupart du temps il manque aussi pour les diriger des personnes ayant une formation commerciale suffisante.

Ce manque et le manque de capitaux sont aussi d'ordinaire l'obstacle principal qu'ont à surmonter les coopératives d'achat et de vente des artisans et des commerçants ; malgré cela et malgré de nombreux échecs, ces deux formes ont pris un développement de bon aloi dans ces dernières années. Il y a 3oo à 4oo coopératives d'achat. Elles ont été organisées surtout par les cordonniers et les tailleurs. Mais, elles existent aussi chez les menuisiers, les vitriers, les boulangers, les horlogers et chez d'autres artisans. Parmi les coopératives de vente, se sont surtout développées les associations de bouchers pour la vente des peaux, qui ont formé une fédération s'étendant à toute l'Allemagne.

Enfin, il faut remarquer les progrès des coopératives d'achat dans le commerce de détail, qui ont fondé, en 1918, à Berlin, le *Verband deutscher kaufmännischer Genossenschaften*. Elles ont été créées surtout par les marchands de denrées coloniales. Elles ont rendu de grands services, surtout pendant la guerre, en collaborant avec le gouvernement pour le rationnement des vivres. Il est très curieux de constater que le commerce de détail fait, aujourd'hui encore, un large usage de l'idée coopérative, que jusqu'ici il combattait si vivement dans les coopératives de consommation. Par ailleurs, une grande partie des coopératives d'achat et de vente rendent plus facile à l'artisan et au détaillant l'établissement d'accords relatifs aux prix, de cartels. Elles ne sont donc pas sans danger pour le consommateur qui n'a, à son tour, d'autre moyen de défense que la coopérative de consommation. Un des principaux problèmes de l'avenir sera aussi d'éta-

blir une liaison plus étroite entre les coopératives agricoles et les coopératives urbaines, en particulier les coopératives de consommation.

6. LES TENDANCES D'ÉVOLUTION DE LA COOPÉRATION

L'évolution des coopératives d'achat et de vente dans
l'agriculture, l'industrie et le commerce est peut-être le
phénomène le plus intéressant de la coopération allemande
dans les derniers temps. Ce sont elles qui semblent porter le germe des formations futures. Les coopératives de
consommation et les coopératives de crédit ont déjà atteint
en général leur summum de développement. Ici, au
contraire, de nouveaux progrès et de nouvelles formations
sont encore possibles. L'orientation de l'évolution me
semble dans ses traits essentiels déjà très visible. Elle
tend à l'acquisition d'une situation de monopole ou bien
dans la vente même ou bien dans l'achat, et alors le plus
souvent comme moyen de défense contre les organisations
de monopole d'autres vendeurs. Par là, la coopération est
mise au service de la tendance d'évolution la plus forte
qui apparaisse dans l'économie nationale actuelle, la tendance au monopole, à la suppression plus ou moins complète de la concurrence. Cette relation est manifeste, car
les cartels avec établissements de vente communs ne sont
pas autre chose, nous l'avons déjà dit, que des coopératives avec un but de monopole.

Une grande partie des coopératives d'achat et de vente
procèdent aujourd'hui d'une certaine tendance au monopole. Il n'est pour cela nullement nécessaire que la coopérative n'ait absolument pas de concurrence, qu'elle en-

globe tous les sujets économiques qui rentrent en ligne de
compte. En particulier dans l'achat, on peut déjà obtenir
les effets d'un monopole — qu'on ne fasse pas attention
au paradoxe qu'il y a à parler de situation de monopole
dans l'achat — lorsque seulement une partie des vendeurs
n'a de débouchés que l'association d'achat. Le cas n'est pas
rare. Ainsi les associations d'achat des agriculteurs pour
les scories Thomas ont lutté avec succès contre le cartel
des fabricants. La société d'achat des vitriers de Berlin
a eu le même succès vis-à-vis du cartel des « Usines de
verre du Rhin et de la Westphalie », et celle des pharmaciens vis-à-vis du cartel des fabricants de bandages. Le
dernier moyen par lequel des associations d'achat cherchent à exercer une pression sur les vendeurs est de créer
des usines coopératives qui les rendent complètement
indépendantes des producteurs, par exemple les marchands de vin ont organisé une fabrique commune de
bouteilles, des associations hôtelières ont organisé des
fabriques communes de glace et d'acide carbonique, les
pharmaciens une fabrique commune de bandages pour
lutter contre les cartels de producteurs.

Les coopératives de vente peuvent, elles aussi, parvenir à une situation de monopole. Elles deviennent par
là des cartels. C'est par exemple assez souvent le cas
pour les coopératives de bouchers pour la vente des
os et des peaux, parce qu'ici la demande dépasse
régulièrement l'offre. Les bouchers s'assurent ainsi de
meilleurs prix de vente, tandis qu'autrefois le principal
gain allait aux intermédiaires. Il est probable qu'en particulier dans la petite industrie, ce genre de société fera
des progrès, parce qu'ici la limitation de la concurrence
par voie d'accord commun est beaucoup facilitée par la

loi qui oblige certains artisans à appartenir à une corporation (*Innung*). Bien que dans les sociétés corporatives mêmes, il soit défendu de s'entendre sur les prix (par. 100 q de la *Gewerbeordnung*), la corporation n'en crée pas moins un lien entre ses membres et elle permet ainsi une intervention commune de n'importe quel genre. Même dans l'agriculture la tendance à la coalition existe. La plus grande tentative faite jusqu'à aujourd'hui, la société laitière *Berliner Milchring* s'est sans doute brisée à la résistance des commerçants organisés ; mais ce n'est qu'une question de temps et d'organisation. La tendance à se coaliser et si possible à atteindre une situation de monopole est aujourd'hui si forte que l'agriculture elle-même surmontera les difficultés qu'elle rencontre.

Plus les organisations coopératives de marchands prennent d'extension et acquièrent une sorte de monopole, plus les sociétés d'achat se développent comme moyen de défense. Ainsi finalement les groupes d'intérêts, des producteurs de matières premières jusqu'aux consommateurs, se trouvent des deux côtés organisés. Et ces luttes d'intérêts organisés sont la marque de notre époque. Les coopératives y jouent le plus grand rôle. On peut voir par là combien l'organisation de l'économie nationale s'est modifiée dans les dernières décades. La concurrence de ceux qui appartiennent à une même branche d'acquisition disparaît de plus en plus. On peut dire qu'autrefois c'était la lutte des membres d'une même branche d'acquisition entre eux pour le client : c'était l'état de libre concurrence. Aujourd'hui ils luttent réunis contre les clients pour le prix. Dans les luttes passées de la concurrence, c'était le preneur qui était le *tertius gaudens* ; il profitait de ce que les producteurs se disputaient les débouchés, car il achetait ainsi à meilleur compte. Aujourd'hui nous savons que cette concurrence permet sans doute au consommateur, ou plus exactement à quelques consommateurs, de satisfaire leurs besoins au meilleur marché possibles, mais qu'elle est très souvent tout à fait anti-économique, qu'elle amène des pertes de capital et le gaspillage du capital. Aujourd'hui les vendeurs se sont organisés dans de nombreuses branches d'acquisition afin d'amoindrir leurs risques de capital, ce qui nécessite une organisation du même genre de la part des acheteurs.

C'est là que réside la plus grande importance des coopératives pour l'avenir : elles représentent la forme d'organisation des acheteurs contre l'association des vendeurs. Les économies d'acquisition sont dans la meilleure posture. Elles sont déjà souvent organisées pour la vente et elles essayent de s'organiser également pour l'achat contre leurs fournisseurs. Ainsi s'explique les nombreuses coopératives d'achat qui se sont formées dans le commerce de détail au cours des dernières années : celles des marchands de charbon, des marchands de bois, des marchands de chaussures, des marchands de verre et de porcelaine, de passementerie, de nombreux produits textiles, de pharmaciens, de droguistes, etc. Les coopératives de ce genre gagneront en tout cas dans un avenir prochain beaucoup en importance.

Il reste les économies familiales, les derniers consommateurs, qui, à cause de leur grand nombre et de leurs intérêts divers, ont le plus de difficulté à s'organiser. Et c'est surtout contre eux qu'est dirigée la puissance de toutes les économies d'acquisition organisées. On croit aujourd'hui encore que l'opposition entre les entrepreneurs et les ouvriers, que les luttes sociales, sont le pro-

blème central de l'économie nationale moderne. Aujour-
d'hui déjà ce n'est plus tout à fait exact et, dans l'avenir,
ce le sera encore moins. Plus les économies d'acquisition
s'organisent et empêchent la concurrence, plus il leur
est facile de contenter les exigences des ouvriers organisés
également, et cela aux frais des consommateurs. On peut
faire aujourd'hui déjà cette remarque que, là où il existe
des cartels, les entrepreneurs sont plus disposés à céder
aux exigences des ouvriers, parce qu'ils peuvent en faire
porter les frais par les consommateurs. Dans l'état de
concurrence, cela serait impossible. C'est pourquoi on
peut prédire dès aujourd'hui que le grand problème économique de l'avenir ne sera pas l'opposition entre entrepreneurs et ouvriers, mais entre producteurs et consommateurs. Dans cette lutte entre les économies d'acquisition organisées, les coopératives de consommation sont
donc de la plus grande importance. Elles sont le seul
moyen de défense des consommateurs et elles auraient,
comme telles, une importance considérable si l'État voulait s'abstenir. Mais cela ne sera certainement pas le cas.
Ce n'est pas ici le lieu d'étudier les devoirs de l'État pour
ce qui est de la régulation de la satisfaction des besoins.
Que l'on se reporte sur ce point au dernier chapitre de
mon ouvrage : Cartels et Trusts. En tout cas, il n'est pas
nécessaire de penser tout de suite à une étatisation.

C'est là un des aspects du rôle de la coopération, qui
apparaît surtout dans les coopératives de consommation.
L'autre aspect est celui-ci : les coopératives tendent à supprimer les intermédiaires dans l'économie d'échange et à
les remplacer par leur propre organisation. C'est la tâche
des coopératives d'achat et de vente. Elles sont un remède
contre une division du travail exagérée, contre le morcel-

lement de la satisfaction des besoins en un trop grand
nombre d'économies successives, ou bien, autrement dit,
contre l'intégration insuffisante du travail dans les petites
exploitations. Ce but de la coopérative est dirigé principalement contre les différentes formes de commerce.
Elles veulent supprimer les bénéfices intermédiaires que
les commerçants exigent pour leur intervention. Les
coopératives d'achat veulent entrer directement en relations avec les producteurs ou les grands négociants. Elles
veulent, tout au moins, supprimer le commerce de détail.
Les coopératives de vente mettent les producteurs directement en relations avec les consommateurs ou les détaillants, sans passer par le commerce en gros ou par le
petit commerce. Les sociétés d'achat de petits commerçants suppriment le commerce en gros. Si, du point de
vue des consommateurs, on ajoute au prix les bénéfices
de tous les sujets économiques qui participent à la production et à la vente, on réalisera par la suppression de
l'intermédiaire une économie sur le prix. C'est le but principal de toutes les coopératives, de distribuer entre leurs
membres les bénéfices ainsi obtenus.

Mais l'activité des personnes ainsi exclues, par exemple du grand commerce, n'était naturellement pas superflue. Il remplissait une fonction dans l'économie nationale, si importante qu'acheteurs et vendeurs étaient disposés à laisser à ces intermédiaires une partie du bénéfice
total. Les coopératives ne suppriment donc pas cet intermédiaire ; elles ne font que le remplacer. Elles substi-
tuent à un intermédiaire indépendant, ayant pour but de
réaliser un gain, une organisation formée par les vendeurs
ou les acheteurs eux-mêmes et qui, par suite, complète
simplement leur économie. La limite de leur activité est

à peu près celle des sociétés capitalistes dans le commerce. Là où il importe de faire vite, où il y a un grand risque, où des fluctuations considérables de prix se produisent, où interviennent de grandes différences de qualités, les coopératives ne conviennent pas. Aussi y a-t-il par exemple peu de coopératives dans le commerce des céréales, il n'y en a pas dans celui des métaux. Dans tous ces cas, un commerçant privé fait mieux l'affaire, qui, alléché par la perspective de gros bénéfices, assume en retour des risques considérables. Là, on ne peut donc se passer du grand commerce autonome. Inversement, là où une forte décentralisation est nécessaire à l'écoulement d'une marchandise, l'exclusion du commerce de détail par les coopératives est impossible. Elles ne peuvent pas faciliter l'écoulement par de nombreuses succursales. Le commerce de la librairie en est un exemple. Il est impossible à l'éditeur de supprimer le libraire-commissionnaire. Mais par contre celui-ci ne peut pas exclure l'éditeur, car il n'a pas le capital suffisant pour assumer les risques. Un autre exemple est fourni par la vente du sucre, du pétrole, du charbon, etc., qui nécessite une coopération aussi nombreuse que possible de détaillants et où il n'y a pas de coopératives de vente à proprement parler.

Pour les coopératives d'achat et de production des matières premières, le champ d'action tout indiqué est là où existe un besoin assez régulier des coopérateurs, où la situation de marché des matières premières est stable et peut être facilement dominée, où les différences de qualités ont peu d'importance, par exemple dans l'achat des engrais, dans les fabriques communes de glace, de bouteilles, de bandages. Mais déjà l'achat en commun du bois par les menuisiers se heurte à de grandes difficultés. Dans la production par la coopérative elle-même, il faut aussi dès le début veiller à ce que les établissements ne soient pas installés à trop grands frais.

De même les coopératives de vente et de travail complémentaires conviennent lorsque le besoin des acheteurs est stable et les fluctuations de prix peu importantes. Une grande difficulté résulte, dans tous les cas, dans la régulation des livraisons de matière première par chaque coopérateur dans les coopératives de vente et de l'obligation d'achat dans les coopératives d'achat. Il est évident que chacun ne peut pas produire autant de matière première qu'il lui plaît et obliger la coopérative à les lui prendre. Ou inversement, il ne se peut pas que la coopérative produise des matières premières et que subitement les membres viennent dire qu'ils n'en ont plus besoin. Au contraire, l'essence de la coopérative réside dans la régulation en commun de la demande individuelle ou de l'offre individuelle de chaque membre. Ainsi une certaine obligation vis-à-vis de la coopérative, une fixation du contingent est nécessaire et c'est là, de même que pour les cartels de contingent, que réside la grande difficulté. Elle est toutefois moindre dans les coopératives d'achat qui obligent chaque coopérateur à l'achat d'une certaine quantité. Chacun espérant étendre son débit et son exploitation, il n'y a le plus souvent pas de difficulté, au moins lors de la fondation. Mais c'est plus tard, lorsque les espoirs ne se réalisent pas, lorsqu'on voit qu'on s'est engagé à prendre plus de matières premières qu'on ne peut vendre de produits fabriqués. Alors la situation devient facilement défavorable pour le coopérateur et, lorsque le cas se produit simultanément pour plusieurs, aussi pour la coopérative.

Bien plus difficile encore est la fixation du contingent dans les coopératives de vente. Chaque membre veut naturellement étendre autant que possible sa vente et laisse à la coopérative le soin de trouver des débouchés. C'est pourquoi les coopératives de vente font le plus souvent faillite par suite d'une surproduction trop grande. Il est très difficile de s'entendre sur la quantité que chaque membre doit livrer à la coopérative. Cette quantité est déterminée par des contrats, mais que quelques-uns se trouvent défavorisés, de nombreux différends s'élèvent. C'est pourquoi ces coopératives ne sont possibles que lorsque les conditions de vente sont stables. Beaucoup ne sont pas des entreprises particulières, mais elles se contentent d'acheter ou de vendre en commission, en leur propre nom ou pour le compte de leurs membres.

On voit donc que la substitution aux intermédiaires indépendants de coopératives dépendantes a ses limites. Par nature, celles-ci ont une certaine lourdeur dans les mouvements, que n'ont pas les entreprises privées. C'est que, justement, l'intermédiaire du commerçant et, quelquefois de deux commerçants, qui s'interposent entre producteurs et consommateurs, signifie, pour tous les deux, une diminution du risque.

C'est à ce même obstacle que se heurte la substitution aux institutions de crédit autonomes de coopératives de crédit dépendantes. Celles-ci ne sont possibles que dans le cas où l'on peut connaître facilement la solvabilité des emprunteurs. La force de la coopérative réside justement dans ce fait qu'elle prend en considération la solvabilité personnelle de ses membres. Mais le crédit personnel n'est

possible que dans de petites associations, où le directeur
et la plupart des membres se connaissent. Pour les grandes entreprises, le crédit coopératif est déjà impossible
à cause de ce fait que les coopératives ne doivent prêter
surtout que leur propre capital, ne peuvent par conséquent pas réunir de grands capitaux ou les prêter à l'un
de leurs membres.

7. Jugement d'ensemble sur les coopératives

On voit donc que la coopération n'est pas non plus une
panacée. Ses limites résultent de sa nature même. Elle
joue un très grand rôle pour l'union de petites économies
et de petites entreprises, principalement comme moyen de
défense contre des adversaires puissants. Les grandes
entreprises aussi emploient quelquefois ce moyen pour
augmenter leur puissance dans la lutte de la concurrence
ou pour atteindre une situation de monopole. Les coopératives peuvent également, mais dans un cadre très limité,
exclure complètement du processus d'échange quelques
économies isolées et les remplacer par des organisations
communes. Mais elles ne sont pas un succédané pour les
entreprises proprement dites. L'esprit individuel d'entreprise reste toujours le fait capital qui donne l'impulsion
à la vie économique. L'entrepreneur, dans le but de
compléter son capital et sa force de travail, s'unira avec
d'autres en formant des sociétés dont on ne peut pas
encore prédire le rôle futur. Mais les coopératives restent
toujours quelque chose d'accessoire, une aide importante
dans la vie économique, non point un agent économique.
Elles compensent ou bien une division du travail insuffi-

sante (spécialisation) ou bien une intégration insuffisante du travail (combinaison).

Il est très important de reconnaître ces limites de la coopération, car une confiance trop grande dans l'idée coopérative n'est pas faite pour aider le développement de l'économie nationale. La coopération peut contribuer à faire perdre la confiance en soi par le fait que chacun attend tout des autres. Ce danger est surtout imminent en Allemagne. Il y a peu de temps que nous avons dépassé le système économique de tutelle du mercantilisme et le système politique correspondant de l'absolutisme. Nous avons trop facilement la tendance d'attendre tout de la collectivité. Notre législation d'assurances a favorisé cette tendance et fait diminuer l'initiative personnelle.

Ici aussi, le danger est imminent que l'on attende trop des coopératives. Cela serait mauvais pour le progrès de l'économie et de la civilisation, entravé par un excès d'organisation. Car les idées neuves, les progrès de la civilisation, viennent toujours de l'individu. Lorsque celui-ci ne se sent que comme partie d'une organisation, qu'il ne peut rien de lui-même, l'initiative indispensable fait totalement défaut. Nous arrivons alors à un état semblable à celui de l'économie urbaine du moyen âge, où tout était divisé en corporations, avec cette seule différence que les corporations modernes ont été créées par la volonté libre des participants. Mais elles devront être, tout comme les autres, à cause de leur puissance économique, réglementées par l'État, ce qui mènera, comme au moyen âge, à la pétrification et à la décadence.

Et toute cette tendance actuelle aux associations et aux organisations communes, aux coopératives et aux cartels entraîne un autre danger : l'uniformisation des besoins.

Ceci non plus n'est pas un progrès. Elle est favorisée
indubitablement par la grande exploitation et par les
organisations de monopole. Les coopératives aussi, surtout les coopératives de consommation, supposent une
certaine uniformité des besoins ; la consommation individualisée ne peut être satisfaite par voie de coopération.
Ici de nouveau, on ne peut se passer de l'initiative privée
qui vient au devant du goût et des besoins personnels.

La force de cette tendance à l'uniformisation du besoin
par la grande exploitation et les efforts actuels d'association est surtout visible en Amérique. Aussi bien y est-elle
particulièrement favorisée par les nombreuses grandes
exploitations dans le commerce de détail, les grands
magasins et en outre les trusts. Nous ne citerons qu'un
exemple : la fabrication d'appareils photographiques. La
Eastman-Kodak Company ne fait que quelques modèles
peu nombreux et domine avec ceux-ci le marche mondial.
Il en est de même là-bas de nombreux produits. Il faut
ajouter que les opinions démocratiques en Amérique,
abstraction faite d'une couche supérieure peu épaisse
formée par l'aristocratie de l'argent, amènent en général
une certaine uniformité de la vie et des habitudes et par
là des besoins.

Ce danger n'est pas non plus négligeable en Allemagne,
où les formes modernes d'entreprise ont pris, après les
États-Unis le développement le plus rapide. Il favoriserait l'extension de la coopération, mais ce n'est pas un
bien au point de vue du progrès. Celui-ci réside dans la
consommation individualisée. Heureusement il est con-
trecarré chez nous par une forte tendance individualiste,
qui a été toujours particulière à l'Allemagne et a été
accrue peut-être par le morcellement et la décentralisation

politique. Cet individualisme — bien qu'il ait ses revers, le morcellement politique précisément — est un grand bien que nous devons nous garder.

Il est exact que, par l'uniformisation des besoins et par la production en masse ainsi possible, nombre de marchandises peuvent être produites à meilleur compte. Nous pouvons parfois, avec notre production spécialisée, être évincés par les Américains. Mais d'autre part, c'est un fait connu que, par cela même, nous pouvons mieux adapter nos produits au goût des consommateurs étrangers et que nous avons ainsi obtenu souvent maint succès dans l'exportation. Il apparaît aussi de plus en plus que, précisément sur le marché mondial, des produits spéciaux individualisés, qui renferment aussi plus de travail qualifié, trouvent écoulement à de meilleures conditions que les produits en masse pour lesquels la concurrence de tous les pays est le plus âpre. L'écoulement de ceux-ci sera de plus en plus réservé à ce que l'on appelle les « Weltreich », les grands pays qui disposent seuls de toutes les matières premières. La fabrication de produits de qualité, individualisés, est pour l'Allemagne — et la France se trouve dans la même situation — le moyen de se maintenir en face d'eux sur le marché mondial. Or dans tous ces genres d'industrie, la coopération ne peut guère avoir de grande importance.

De plus, comme je l'ai déjà indiqué, cette production individuelle a une grande importance au point de vue du progrès de la civilisation, même à l'intérieur du pays. Elle empêche une trop grande uniformisation des besoins et favorise par suite le progrès de la civilisation qui est entravé par celle-là. A l'époque démocratique actuelle, on a sans doute l'habitude de ne considérer toujours que la satisfaction du besoin des masses, mais il n'en faut pas moins proclamer que le progrès de la civilisation, l'accroissement des besoins et le raffinement des habitudes ne procèdent toujours que de l'individu et doivent s'arrêter lorsque l'égalité des revenus et du genre de vie et l'uniformisation des besoins vont trop loin. Ce sont les individus qui font le progrès. Le rôle de l'État et des autres associations n'est que de pourvoir à ce que les grandes masses s'élèvent peu à peu à un niveau supérieur. C'est là la limite de la démocratie, du principe socialiste, de toutes les communautés socialistes et par suite aussi des coopératives.

C'est de ce côté aussi que résident les obstacles qui s'opposent à l'utilisation de l'idée coopérative pour les tendances de socialisation, dont il est tant question aujourd'hui. On sait que le « socialisme d'État », qui est la forme typique du socialisme allemand, et qui veut tout simplement supprimer le capitalisme en confiant à l'État toute activité économique, n'a jamais été populaire en Europe occidentale. Là, et en particulier en France, on a de tous temps préconisé un socialisme coopératif, qui veut remplacer l'organisation économique actuelle par de grandes coopératives de production se suffisant à peu près à elles-mêmes et composées des branches de production les plus importantes. Or cette idée, qui est peut-être réalisable dans certains cas isolés, sur une base religieuse comme on a vu plus haut, est encore bien plus utopique que le socialisme d'État allemand, si on prétend en la réalisant remplacer l'organisation économique actuelle. Ce n'est qu'à un degré de civilisation tout à fait bas qu'un mode de collaboration si primitif est capable d'assurer la satisfaction des besoins ; mais on ne fait que discréditer l'idée coopérative et le rôle important qu'elle a à remplir dans le cadre de l'ordre économique actuel, quand on l'exagère de cette façon, quand on prétend en faire la panacée de tous les maux économiques actuels et la base d'une organisation économique entièrement nouvelle.

CHAPITRE IV

LES ENTREPRISES ET LA SOCIALISATION

I. Les problèmes

La tendance des économies d'acquisition au gain monétaire le plus élevé possible, procédant du principe économique général : excédent aussi élevé que possible de
l'utilité sur le coût, tel est le principe d'organisation de
l'échange actuel. La forme d'organisation est l'entreprise,
par laquelle une économie d'acquisition particulière se
trouve plus ou moins complètement séparée des économies de consommation qui se trouvent derrière elle. Mais
cela ne veut pas dire que ces entreprises doivent nécessairement se trouver la possession de particuliers ; les
corps publics eux aussi peuvent rester des entreprises.
Nous en arrivons ainsi aux entreprises publiques que nous
avons encore à traiter pour compléter notre exposé des
formes d'entreprise. Par les entreprises publiques la théories des formes d'entreprise est étroitement liée aux
problèmes, aujourd'hui si actuels, de la socialisation, qui,
suivant les idées des socialistes a pour but de transformer
complètement l'ordre économique actuel. Nous envisa-

gerons aussi, du point de vue de la théorie des formes d'entreprise, l'ensemble de ces problèmes.

Il ne s'agit donc pas pour nous de prendre position vis-à-vis du problème économique du socialisme pris dans son ensemble, lequel d'ailleurs ne se limite pas au domaine économique. Le socialisme est davantage ; il représente dans une certaine mesure une philosophie et même, étant donnée la place que tient la simple foi parmi un grand nombre de ses adeptes, une sorte de religion. Il a en tout cas un caractère non seulement économique mais social, et le fait de l'opposition des classes, qui se ramène sans doute pour une part à des facteurs économiques, est de la plus grande importance dans l'esprit de ses adeptes. Cet aspect du problème dépasse le cadre de ce livre. Nous nous bornerons ici à examiner les revendications d'ordre économique, si importantes aujourd'hui, qu'émet le socialisme, et qui tendent à supprimer les entreprises privées pour les remplacer par des organisations de caractère public.

Quand ils demandent la suppression du « capitalisme », les socialistes entendent par là non pas de façon absolue la tendance au gain en tant que principe d'organisation de l'échange, mais surtout la propriété privée des entreprises, qu'il s'agit d'abolir. Si l'on fait abstraction des formules imprécises d' « exploitation » et des doctrines marxistes de la « plus-value », qui procèdent de théories économiques fausses, il reste comme points essentiels des critiques adressées par les socialistes à l'ordre économique actuel deux phénomènes, lesquels sont il est vrai assez étroitement liés avec le capital pour que la dénomination de « capitalisme » appliquée à l'ordre économique actuel apparaisse justifiée. Le premier est l'obtention de revenus sans travail ; le second est le phénomène appelé « capitalisation ». Le premier est universellement connu comme point essentiel des attaques socialistes ; l'importance du second n'a pas été pleinement dégagée par la théorie économique et par le socialisme, faute de compréhension théorique suffisante de l'ordre économique actuel : les critiques à son endroit se cachent derrière les attaques bien connues contre l'intérêt, la rente foncière et le bénéfice de l'entrepreneur, dont on ne saisit pas nettement la genèse véritable. Ici encore, pour l'explication de l'ordre économique actuel et la réfutation des théories socialistes, je suis obligé de renvoyer à mes « Principes d'économie politique », en particulier au volume II, et à un ouvrage de vulgarisation qui paraîtra prochainement sous le titre : « Histoire et critique du socialisme ».

1. La possibilité d'obtenir des revenus sans travail est et reste le grand point de toutes les attaques socialistes contre l'ordre économique actuel et les oppositions de classes elles-mêmes s'y rattachent étroitement, bien que non pas exclusivement. Nous avons montré plus haut comment la transmission de la fortune (capital) et, par là, l'obtention de revenus sans travail était facilitée par le système des effets. Autrefois, il n'y avait que la propriété foncière qui, par le moyen du fermage, pouvait rapporter pendant des générations des revenus ne demandant aucun travail de leur bénéficiaire ; de nos jours un revenu de ce genre est donné par toute somme d'argent prêtée ou placée. Personne ne pourra contester que l'inégalité des conditions qui en résulte n'ait un caractère irritant, qu'il ne soit injuste et immoral de voir des gens rester oisifs toute leur vie tout en ayant les moyens de mieux vivre que la masse des autres, dont le souci du pain

quotidien remplit toute la vie. N'est-il pas possible de remédier à ces abus manifestes sans supprimer le capital et l'entreprise privée ? C'est ce que nous étudierons ci-dessous.

2. L'obtention de revenus sans travail est encore favorisée par la « capitalisation », c'est-à-dire par le fait que les différents biens qui constituent le capital, ainsi que l'ensemble de l'entreprise, sont estimés suivant le rendement à une somme d'argent qui en représente le prix. D'après le rendement et les perspectives de rendement on évalue en effet ce qu'un exploitant peut payer pour un tel bien. La propriété foncière notamment est estimée suivant les perspectives de rendement du moment ; le propriétaire qui la vend peut placer à intérêts la somme reçue et obtenir ainsi un revenu sans travail. Le cours des actions représente aussi le prix de certaines parts d'entreprises, évalué d'après le rendement. Lorsque ce rendement augmente, tous ces titres de propriété augmentent aussi de valeur et on a ainsi ce qu'on appelle l' « accroissement de valeur sans mérite » que l'on constate pour un très grand nombre de biens. La spéculation s'en mêle elle aussi et les bénéfices ainsi obtenus constituent un objet d'attaques légitimes contre le capitalisme. C'est avec raison qu'on a fait remarquer que les grandes inégalités des fortunes actuelles ne proviennent pas tant de revenus économisés, de l' « esprit d'économie » comme disent volontiers les capitalistes, que de la « capitalisation », de la réalisation d'augmentations de la valeur estimée d'après le rendement. Ainsi s'expliquent les augmentations considérables de valeur de la propriété foncière, agricole et urbaine, et aussi les participations à des entreprises sociétaires. De nouveaux acquéreurs paient la

valeur suivant le rendement ainsi trouvée par capitalisation et ils ne réalisent pas le bénéfice dépassant la
moyenne tant qu'il ne se produit pas de nouvelles augmentations du rendement. Une partie considérable des
très grandes fortunes, surtout en Amérique, se sont constituées par la spéculation qui a exploité ces conditions.

L'ordre économique actuel n'est donc nullement idéal.
Toutefois les attaques dirigées contre lui, par exemple
la vieille lutte séculaire contre l'intérêt, et en particulier
les propositions faites par le socialisme pour le supprimer, procèdent d'erreurs grossières ; et, ces erreurs, il
est nécessaire de les dénoncer avec d'autant plus d'énergie
que des tentatives de réalisations socialistes peuvent, dans
la situation politique actuelle, paraître plus menaçantes.
La méconnaissance complète de l'ordre économique
actuel, qui a comme principe régulateur la tendance de
chaque individu au gain, une conception mécaniste et
matérialiste de la vie économique, l'amalgame de la
science économique et des « sciences politiques », ont
induit à croire qu'un ordre économique pouvait, tout
comme un régime politique, être supprimé et remplacé
par un autre du jour au lendemain. Le socialisme a
poussé à l'extrême cette conception. Les ouvriers n'auraient qu'à conquérir le pouvoir politique et ils pourraient
ensuite inaugurer à leur gré l'ordre économique socialiste. Or ce par quoi on prétend remplacer l'ordre économique capitaliste est une construction si grossière, si
inintelligente, si arbitraire, méconnaissant en outre à un
tel point le principe de l'ordre actuel, qu'il est impossible
de la considérer comme un progrès.

Comme le nouvel ordre économique devait être introduit par la conquête du pouvoir politique, l'économie éta-

liste générale était la solution la plus simple, la plus inintelligente aussi peut-on dire. Le socialisme déclare de façon purement négative : c'est le « capital » qui est responsable de la condition certainement défavorable de la classe ouvrière ; il faut donc le supprimer. On y arrivera par la conquête du pouvoir politique ; pour ce qui est du nouvel ordre économique, on en remet le soin à l'État, qui y pourvoira pour le mieux. C'est là le socialisme d'État allemand, la foi naïve et bien allemande à l'omnipotence de l'État. La façon dont il prévoit la répartition des produits, suivant les heures de travail fournies, est si mécaniste, si pauvre, elle constitue si manifestement un recul par rapport à l'échange actuel orienté vers la satisfaction des besoins individuels, qu'il est impossible d'y voir la voie de l'évolution.

Le socialisme d'État a trouvé très peu de sympathies en dehors de l'Allemagne et en particulier auprès des nations occidentales, moins idéalistes et ayant davantage l'habitude de la démocratie. D'autre part, l'idée d'un socialisme coopératif, qui a son foyer principalement en France, l'exploitation de toutes les entreprises par des coopératives de leurs ouvriers, n'apparaît pas moins utopique pour une grande partie de la production, quand on se rend compte que des raisons économiques et techniques rendent aujourd'hui nécessaires de grandes exploitations et même des exploitations géantes.

Dans les derniers temps, une autre forme d'organisation de la socialisation a gagné les esprits qui croient à la possibilité d'inventer un nouvel ordre économique, l'économie collective, l'économie ordonnée (*Gemeinwirtschaft, Planwirtschaft*) et autres formules du même genre. Il s'agit de constituer de grands corps autonomes des différentes industries, dans lesquels capitalistes, ouvriers et consommateurs organiseront en commun la production. On croit avoir trouvé là une formule essentiellement différente de celle de l'étatisation et on rivalise de propositions sur la façon d'organiser et de hiérarchiser les différents conseils et commissions. Dans toutes ces organisations, il est certain qu'on fera une multitude de discours, mais il est probable que les besoins de la vie économique seront fortement négligés. On peut déjà en avoir un avant-goût par les conseils d'exploitation institués dans toutes les entreprises d'une certaine importance : institution que je considère certes comme très utile, mais qui ne le sera que le jour où les ouvriers auront renoncé à l'idée fixe de vouloir extirper le « capitalisme ». Ce qui a été fait jusqu'ici en matière de « socialisation », la « socialisation » du syndicat de la potasse et du charbon avec son accumulation de commissions et de « services », peut donner aussi un avant-goût de ces fameux « corps d'économie collective ».

La discussion de ces organisations d' « économie collective » dans lesquelles entrepreneurs, ouvriers et consommateurs doivent collaborer, tient la plus large place dans la littérature socialiste actuelle. Ce n'en est pas moins une conception très superficielle, qui méconnaît complètement les problèmes véritables pour ne s'occuper que des formes extérieures de la réglementation. Il ne s'agit pas de constituer une organisation qui prendra à sa charge les entreprises privées existant jusqu'ici et qui donnera aux ouvriers une place aussi large que possible dans la direction ; il s'agit du problème bien plus difficile qui consiste à savoir suivant quels principes, une fois les entreprises privées remplacées par des économies collectives d'une forme ou de l'autre, devra s'effectuer la répartition des produits obtenus dans l'économie collective, la livraison des services réciproques. Voilà le grand problème non encore résolu. Quand on le considère, on s'aperçoit qu'il n'est pas si simple d'inventer un nouvel ordre économique et qu'on n'a même pas encore établi de principes d'application possible pour remplacer l'ordre économique actuel. Nos socialistes croient pouvoir réaliser une « socialisation », en constituant un appareil aussi vaste que possible de « conseils » superposés, allant du conseil d'exploitation jusqu'au conseil économique national. Tout cela n'aboutit à rien, et personne n'a encore mis sur pied un principe de répartition meilleur et plus juste, qui prendrait la place de l'échange libre basé sur la tendance de chaque particulier au gain. Le principe d'après lequel chacun devrait être payé d'après son travail n'est pas applicable. Car il n'y a aujourd'hui que très peu d'ouvriers qui fournissent un produit auquel ils aient été seuls à travailler. Or il n'y a pas d'échelle qui permette de mesurer d'autres travaux ainsi que les innombrables services qui ne se traduisent pas sous forme de produit matériel. On a proposé de rémunérer les heures de travail par certains taux et d'établir même une distinction d'après la qualité du travail ; c'est une proposition enfantine et la tentative faite en Russie pour la réaliser a conduit à un fiasco si naturel qu'il n'est pas besoin d'insister. Il n'est pas douteux qu'une rémunération « juste » pour chaque sorte de travail ne peut être trouvée, d'autant plus d'ailleurs qu'un même effort correspond chez différents individus à une fatigue très différente, et il est certain que le principe actuel, qui consiste à s'en remettre pour la rémunération de tous les services à la demande, au besoin des consommateurs, — car c'est là la base de la vie économique actuelle —, est bien supérieur à toutes les propositions présentées jusqu'ici. Cela ne veut d'ailleurs pas dire que l'on doive complètement abandonner à l'échange libre l'établissement des prix et des salaires. L'État peut très bien, comme il l'a fait jusqu'ici, par les impôts et les droits de douane, exercer une action sur les prix, les salaires et les revenus et s'attacher à une compensation qui empêche de trop grandes différences entre les revenus et les fortunes.

Toujours est-il que je ne puis attribuer une grande importance pratique à la différence que l'on prétend faire et que l'on souligne si vigoureusement aujourd'hui, entre étatisation et économie collective.

Elle procède d'une exagération de l'organisation extérieure, qu'on dote à l'envi de commissions et de « conseils », et de la méconnaissance des principes fondamentaux de la vie économique. Que les ouvriers s'imaginent avoir obtenu par une telle organisation nouvelle quelque chose de substantiel dans leur lutte contre le « capitalisme », cela est une preuve de peu de clairvoyance, mais cela se comprend encore. N'avaient-ils pas, dans le cadre même de l'économie capitaliste, obtenu par leur organisation en syndicats de gros avantages ? Que par contre de nombreux professeurs d'économie politique ne voient pas plus loin, ne se rendent pas compte des problèmes fondamentaux ou aillent même jusqu'à déclarer que l'essence du socialisme réside dans l'organisation, cela est extrêmement regrettable et cela ne s'explique que par la crise complète de la science économique. Les deux cas procèdent de la conception mécaniste, si répandue en Allemagne et qui dans d'autres domaines aussi a été la cause des errements du temps de guerre. Toutes les organisations de ce genre ont déjà sur les entreprises privées ce premier désavantage économique, qu'elles gaspillent un temps infini à des discours et à des séances.

La question de savoir par exemple si les mines de charbon allemandes seront ainsi subordonnées à un « groupement collectif charbonnier » et si elles reviendront à l'État en tant que propriété, est aussi indifférente au point de vue de la gestion que pour la Reichsbank la question de savoir si le capital appartient à l'État ou à des particuliers. L'État saura faire servir à ses fins toute organisation économique, absolument comme celle-ci. Etant la plus grande puissance politique, il déterminera aussi leur mode de gestion. Supprimer l'organisation de la satisfaction des besoins par l'échange, supprimer le capital privé ne signifie pas autre chose, dans les conditions actuelles, que la remise aux mains de l'État de toute l'économie : peu importe que le capital soit remis ou non à des groupements autonomes. Or cela aboutit à faire de toute l'économie, bien plus encore que jusqu'ici, l'objet des luttes politiques. La détention du pouvoir politique signifiera en même temps, et bien plus qu'aujourd'hui, la domination économique ; les luttes politiques deviendraient ainsi infiniment plus âpres et toute stabilité de la vie économique, condition d'une satisfaction régulière des besoins, serait rendue impossible.

C'est une conception néfaste que cette conception mécaniste du problème de la socialisation, qui croit avoir créé un nouvel ordre économique par l'organisation extérieure de « corps économiques autonomes ». Non moins néfaste est l'autre erreur, qui procède du même vice fondamental, et qui croit pouvoir supprimer le capitalisme par la socialisation de certaines branches d'industrie. Les socialistes les plus avancés, qui demandent la « socialisation intégrale », ont certainement pour eux plus de logique théorique ; il est vrai que ce n'est pas l'effet d'une meilleure compréhension des conditions économiques, mais simplement de plus de doctrinarisme et de radicalisme. Le socialisme ne consiste pas à créer une organisation d'économie collective quelle qu'elle soit, mais à établir de nouveaux principes de répartition : ce n'est que si l'on se rend compte de ce fait, que l'on voit aussi l'inutilité d'une socialisation ne s'étendant qu'à certaines branches. On réclame principalement aujourd'hui la socialisation de l'exploitation minière et de certaines autres branches industrielles ayant une situation de monopole. Mais est-ce que cela signifierait le moins du monde un changement de notre ordre économique ? Très certainement non. L'ordre économique allemand n'est nullement différent de l'ordre économique anglais ; il n'est ni plus ni moins capitaliste ou ni plus ni moins socialiste ; et pourtant, en Allemagne, un domaine important de l'activité économique, celui des chemins de fer, est depuis longtemps étatisé. L'économie nationale allemande ne serait pas le moins du monde plus socialiste quand bien même les mines de charbon et de potasse seraient également étatisées, que leur exploitation soit gérée par l'État lui-même ou par n'importe lequel des corps autonomes à l'organisation de quoi on s'intéresse si vivement. Ces branches d'industrie ainsi socialisées seront bien soustraites au capital privé et à la tendance au gain, mais les capitalistes placeront les sommes avec lesquelles ils auront été indemnisés dans d'autres branches d'industrie ; les déplacements de fortunes ainsi provoqués ne feraient qu'accroître la spéculation et ils ne pourraient avoir qu'une répercussion fort défavorable sur l'économie nationale. Quant à une socialisation de certaines branches 'd'industrie sans indemnisation, elle serait d'abord fort injuste, lésant certains capitalistes alors que d'autres ne seraient pas touchés ; et, d'autre part, elle n'empêcherait pas la tendance de chaque particulier au gain de rester la base de l'échange actuel.

On voit que la transformation de l'ordre économique actuel, la suppression du capitalisme, n'est pas possible par la socialisation de certaines branches d'industrie, mais seulement par le changement de ses principes fondamentaux, de la tendance de chaque individu au gain. On ne pourrait y arriver que par la socialisation intégrale, qui devrait s'étendre même à la branche de production la plus importante, la production agricole. Or qui oserait aujourd'hui préconiser et réaliser cela ? Et quand bien même tous les instruments de production seraient enlevés à leurs propriétaires privés et remis à des corps d'économie collective, le principe fondamental de l'échange actuel se trouverait-il par là supprimé ? En aucune façon. Tous les fournisseurs d'un travail de quelque nature qu'il soit chercheraient toujours à vendre leur travail suivant le principe de la tendance au gain le plus élevé possible. Il est si caractéristique que les ouvriers socialistes, conformément aux erreurs marxistes, ne parlent toujours que du « profit » des capitalistes, sans se rendre compte que la tendance au profit est tout aussi bien le fait des travailleurs. Voit-on autre chose que la tendance au profit lorsque certains groupes d'ouvriers se coalisent et, grâce à leurs syndicats, arrachent aux patrons un salaire de plus en plus élevé ? Aperçoit-on une différence avec les bénéfices réalisés grâce aux instruments de production, lorsque des médecins, des avocats habiles, des chanteurs, des acteurs célèbres, des talents organisateurs demandent et obtiennent des sommes énormes pour leurs services ? Autrement dit : non seulement les entrepreneurs tendent au gain le plus élevé possible, mais les ouvriers de même, et ils obtiennent un gain d'autant plus élevé que leurs services sont davantage demandés relativement à l'offre. Bref, toute la vie économique est déterminée et réglée par la tendance au gain, car toute activité économique a essentiellement pour objet d'obtenir un excédent aussi élevé que possible de l'utilité sur le coût. Or on n'a jamais encore entendu dire que les ouvriers dans les branches d'industrie socialisées veuillent renoncer à leur tendance au gain, à l'obtention de salaires aussi élevés que possible. Ils ne le peuvent d'ailleurs pas, si, au même moment, dans toutes les autres branches d'industrie, les prix et les salaires s'établissent sur la base de ce principe. L'échange actuel, dans lequel tous les prix et revenus sont solidaires, ayant pour principe d'organisation la tendance de chaque individu au gain, est donc un organisme bien plus compliqué que ne le croient les socialistes, qui se fondent il est vrai sur les erreurs de la science économique ! Tous les prix de tous les biens et de tous les services sont solidaires entre eux par suite du fait que la tendance au gain détermine vers quelles branches de l'offre se tourneront ceux qui ont à offrir des biens et des services et par suite du fait aussi que leurs gains amèneront à leur tour, en tant que revenus des économies de consommation, une demande de biens de toutes sortes.

Cela ne veut pas dire que certaines branches de la satisfaction des besoins ne puissent pas être soustraites à l'établissement du prix par le libre échange, ce qui d'ailleurs a été fait de tous temps. Mais il ne suffit pas pour cela que la propriété des instruments de production soit remise aux corps publics ou à des groupements publics autonomes : il reste encore à savoir d'après quels points de vue doit se faire la gestion. Ce problème a surtout une importance économique capitale, tant que certaines branches de l'offre seulement se trouvent être propriété publique et sont par ailleurs englobées par le libre échange. Il est très facile de socialiser certaines branches de l'activité économique ; la forme extérieure de cette socialisation est même chose tout à fait accessoire. Mais très difficile est le problème de savoir suivant quels principes elles seront ensuite gérées. Peut-on et faut-il y exclure la tendance au gain le plus élevé possible comme régulateur de l'établissement du prix ? Suivant quels principes s'effectuera ensuite l'établissement du prix ? Quelle forme prendra l'activité des ouvriers et employés dans des exploitations de ce genre ? Devront-ils, eux aussi, renoncer à faire valoir la tendance de chaque individu au gain et quels principes envisagera-t-on alors pour la rémunération ? Voilà quelques-uns des problèmes qui s'imposent à l'esprit quand on approfondit le problème de la socialisation un peu plus qu'on ne le fait le plus souvent aujourd'hui, et qu'on y voit non seulement un problème d'organisation extérieure, de collaboration des ouvriers à la gestion de l'exploitation, mais le problème de savoir comment faire place à de telles exploitations dans l'ensemble de l'organisme de l'échange.

On se rend compte alors qu'exploitations socialisées, exploitations aux mains de corps publics, et en général toutes exploitations soustraites à la propriété privée et à

la tendance au gain peuvent toujours encore être administrées sous trois formes différentes, que nous désigne-
rons sous les noms d'établissements publics, économies
publiques et entreprises publiques. Toutes les trois apparaissent dès aujourd'hui, elles n'ont pas été inventées
consciemment par les hommes, mais, comme tous les
phénomènes économiques, elles se sont développées
d'elles-mêmes. L'étude de ces différentes formes de l'exploitation publique sera, me semble-t-il, le meilleur
moyen de discuter les différents problèmes que l'on ré-
sume aujourd'hui sous le nom de socialisation. Comme
ce livre a pour objet les formes d'entreprise et que celles-
ci, nous l'avons vu, sont la base de l'organisation de la
satisfaction actuelle des besoins, le mieux sera également
de partir des entreprises publiques.

2. Les différentes espèces d'exploitations et entreprises publiques

En parlant d'entreprises publiques nous insistons sur
le fait qu'ici aussi il existe la tendance au gain et en
particulier le risque, qui, avons-nous déjà vu, caractérise l'entreprise. Des établissements qui n'ont point pour
objet la réalisation de bénéfices, tels que les manufactures
d'État de fournitures pour l'armée, les musées, les univer-
sités, les écoles, les hôpitaux, ne sont pas des entreprises
publiques. Or j'estime qu'on peut distinguer trois groupes
d'exploitations publiques, ce qui n'exclut pas l'existence
de nombreuses formes intermédiaires. Comme nous
l'avons dit, nous distinguerons : établissements publics,
économies publiques et entreprises publiques.

1. Sont établissements publics les organisations d'État qui ne sont pas du tout administrées d'un point de vue économique, où ce qui importe n'est pas le rendement et où le principe capital n'est pas celui du minimum de coût. De telles organisations n'apparaissent souvent de l'extérieur comme économes que parce que dans l'organisation économique actuelle tous les établissements de ce genre dressent également d'ordinaire un budget, équilibrent des recettes et des dépenses. Dans ces établissements, qui ne sont pas d'habitude administrés d'après un principe économique, figure en premier lieu l'État lui-même pris dans son ensemble. Ce qui le caractérise ainsi que nombre de ces établissements, c'est que le fait premier n'est pas les recettes à obtenir, comme l'exigerait le principe économique, mais que l'on part des dépenses reconnues comme nécessaires et que l'on règle d'après cela les recettes qui doivent être faites. Citons encore les établissements de contrôle et d'essai, les institutions scientifiques et artistiques, les pompiers, les établissements pénitentiaires, etc. Tous ces établissements sont exploités dans un but d'utilité générale, sans que la considération essentielle soit celle du coût ou d'un rendement.

2. Il en est tout autrement des économies publiques. Elles sont exploitées sur le principe économique, c'est-à-dire dans le but d'obtenir un rendement aussi grand que possible avec un coût minimum. Mais, tandis que, dans l'économie privée, il s'agit de l'utilité individuelle pour ses membres, le but de l'économie publique est l'utilité publique. Ce qui la distingue des entreprises publiques me paraît être que les économies publiques recherchent non un rendement en argent, mais, en général, un rendement en utilité. L'utilité de ces économies pour la collectivité,

bien que, souvent, elle ne puisse être estimée en argent, n'en est pas moins opposée, comme dans chaque économie, au coût. L'administration des économies publiques est donc en tous points semblable à celle des économies privées, cependant non aux économies d'acquisition privées, qui visent simplement un rendement en argent, mais aux économies familiales, qui recherchent également un rendement en utilité, un excédent aussi fort que possible d'utilité par rapport au coût. Mais ce qui est décisif ici n'est pas l'utilité individuelle, c'est l'utilité générale.

Citons, parmi ces économies publiques, les postes et télégraphes, les caisses d'épargnes publiques et les banques nationales et toutes sortes d'institutions communales comme l'adduction des eaux, les établissements de bains, le service d'enlèvement des ordures. Les services de telles économies publiques ne sont pas estimés de telle façon que le rendement en argent en soit le but, mais c'est généralement le principe du coût qui décide : les recettes doivent au moins couvrir les frais. Il s'ensuit que de telles économies publiques n'entrent d'ordinaire pas en concurrence avec les entreprises privées, car, ou bien cette branche d'activité est interdite à celles-ci par la loi et est réservée aux corps publics, ou bien celles-ci ne peuvent effectivement pas soutenir la concurrence, étant soumises au principe du gain.

Entre les économies publiques et les entreprises publiques se trouvent des exploitations comme les chemins de fer, les usines à gaz et d'électricité. Elles sont d'autant plus des économies publiques que l'intérêt collectif joue un plus grand rôle dans leur organisation ou dans leur administration, par exemple dans les chemins de fer stratégiques, les chemins de fer qui ont pour but de créer des relations avec des régions éloignées, l'utilisation des installations de gaz et d'électricité pour l'éclairage des rues. Elles se rapprochent d'autant plus des entreprises que le principe du gain y est plus développé.

3. Les entreprises publiques se distinguent donc des économies publiques, tout comme l'entreprise en général se distingue de l'économie. Celle-ci est un concept beaucoup plus large et elle devient une entreprise dès que son but n'est plus la satisfaction de ses propres besoins, mais l'obtention de bénéfices en argent. Ainsi on caractérise l'entreprise publique comme une économie d'acquisition ayant une fortune personnelle et se proposant un rendement. Dans les entreprises publiques au sens propre du mot, on range surtout les mines, les domaines, autant qu'ils ne sont pas des fermes-modèles ou des stations d'expérience, les forêts, les sources minérales, aussi les exploitations industrielles, comme les fabriques nationales de porcelaine et de drap, etc.

De ce qui vient d'être dit se dégage aussi la réponse à la question : A quel groupe appartiennent les « économies collectives », les « corps économiques autonomes », qui apparaissent aujourd'hui comme un idéal aux masses férues de socialisation ? Leurs pères spirituels voudront sans doute les voir considérés comme une organisation économique spéciale, comme quelque chose d'absolument nouveau. Mais cela n'est pas juste. L' « économie collective », — dont le principe d'organisation reste extrêmement confus —, n'en est pas moins une des formes intermédiaires possibles entre l'exploitation privée et l'exploitation publique, se rapprochant tantôt des organisations coopératives de caractère privé, tantôt des organisations d'intérêt public. Les combinaisons les plus différentes résultent de la distinction toujours nécessaire entre la propriété et la gestion des instruments de production. La propriété peut être à l'État, à la commune ou à n'importe quel corps autonome de droit public, ou bien elle peut être à des particuliers (exemple la Reichsbank) ; dans les deux cas, la gestion peut se faire sous forme d'établissement, d'économie ou d'entreprise. On ne s'est pas, en général, rendu compte de ces différentes possibilités et de la différence des principes qui sont à leur base. Ni la propriété publique, ni la gestion publique ne signifient une transformation de notre ordre économique, tant qu'elles se limitent à certaines branches économiques. L'État peut soustraire une branche d'industrie ou l'autre au capital privé, l'étatiser, la communaliser, la soumettre à des corps publics d'économie collective de quelque nature que ce soit, les ouvriers peuvent eux aussi, le cas échéant, soit par des moyens pacifiques soit par la violence, organiser dans une branche économique ou l'autre un socialisme coopératif ; mais tout cela ne signifie pas une transformation de notre ordre économique, tant que, par ailleurs, la satisfaction des besoins s'effectue suivant le principe de la tendance de chaque individu au gain. Les corps publics peuvent renoncer à des gains monétaires, gérer leurs exploitations comme économies publiques et non point comme entreprises ; ils peuvent même, ce qui est toutefois bien plus difficile à réaliser, supprimer pour leurs ouvriers et employés le libre contrat de travail, leur donner une situation de fonctionaires. On aura bien ainsi exclu le principe d'organisation du libre échange, mais l'État lui-même n'en sera pas moins obligé, pour établir les prix de ses différents services, pour établir les traitements à payer à ses fonctionnaires, d'entrer en liaison avec le système général des prix qui est celui du libre-échange. Tant que celui-ci domine les branches les plus importantes de la satisfaction des besoins, il ne saurait être question de transformations de l'ordre économique, — qui n'est pas autre chose que le système d'ensemble de la satisfaction des besoins et le principe fondamental suivant lequel elle s'effectue. Il ne serait nullement transformé même si nous « socialisions » toute l'exploitation minière, que celle-ci fût confiée à l'État lui-même ou à n'importe quel corps autonome. Admettons même qu'on isole les tarifs des chemins de fer et les prix du charbon du système d'ensemble de l'établissement actuel des prix et qu'on établisse pour l'usage des chemins de fer et les stocks de charbon un système de répartition quelconque, — pour lequel d'ailleurs aucun socialiste n'a jamais indiqué de principes supportant l'examen. On aurait bien alors introduit le principe du socialisme dans ce domaine et on aurait bien supprimé, à cet endroit, le principe d'organisation en vigueur jusqu'ici, le libre échange. Mais si ce principe était maintenu pour les autres productions et services, notamment pour la production agricole, on ne pourrait cependant pas encore parler de transformation de notre ordre économique.

Mais pareil amalgame d'économie collective pour quelques produits les plus importants, tels que le charbon et les vivres, avec des économies d'acquisition pour tous les autres produits est à la longue impossible. C'est ce qu'a montré à tous ceux qui veulent voir et entendre et qui ne sont pas aveuglés par le dogmatisme, le régime économique du temps de guerre. Certains produits importants

avaient été soustraits au libre établissement des prix de
l'échange général, ils devaient être répartis par les pouvoirs suivant des considérations de justice et on a abouti
au mercantisme, à une exploitation éhontée de la puissance économique et politique, à l'irritation de toutes les
oppositions et à une corruption générale. Quand on a
compris l'organisme délicat de l'échange actuel, les principes de l'établissement des prix, on se rend compte qu'il
est impossible d'isoler de l'ensemble certaines branches
de production les plus importantes et de les soumettre à
une répartition par les pouvoirs suivant des principes arbitraires. Et, en fait, personne ne sait encore bien dans
quelle mesure les branches de production socialisées
seront à l'avenir exploitées comme entreprises ou suivant
des principes de répartition socialistes. Seulement les
ouvriers savent fort bien, eux, qu'ils ne veulent pas, en
tout cas, renoncer à faire valoir le principe d'acquisition
absolu, pas plus que dans les domaines déjà socialisés
comme les chemins de fer, la poste, etc.

Ce qui vient d'être dit montre que, dans une organisation économique fondée par ailleurs sur la tendance de
chaque individu au gain et constituée surtout d'entreprises
privées, la forme en quelque sorte naturelle de l'exploitation publique est également l'entreprise publique. Nous
commencerons donc par esquisser brièvement l'évolution
historique de celle-ci.

Les économies publiques apparaissent, abstraction faite
de l'antiquité où en général l'économie d'échange avait
peu le caractère de l'entreprise, en même temps que le
système mercantile dans les grands États de l'Ouest de
l'Europe, surtout au xvii⁰ siècle. Le mercantilisme fut
le premier grand système de politique économique éta-

liste qui essaya par tous les moyens de faire progresser l'économie nationale, en particulier l'industrie et le commerce. Il ne recula pas pour atteindre ce but devant les mesures de grande portée ni devant l'organisation d'entreprises d'État. Ainsi naquirent les nombreuses exploitations d'État, filatures, fabriques de drap, manufactures de porcelaine, fabriques de verre, moulins, usines métallurgiques, banques, entreprises de commerce maritime, qui sans doute étaient souvent des créations bien artificielles et bien arbitraires, mais qui dans l'ensemble ont pourtant contribué au progrès économique de la nation (Les domaines d'État d'aujourd'hui étaient au contraire à l'origine le plus souvent propriétés privées des familles princières. Ils ne sont devenus des économies publiques qu'avec le système constitutionnel et la distinction rigoureuse entre la fortune nationale et la fortune du prince). Le mercantilisme n'atteignit son apogée en Allemagne et en Autriche que dans la seconde moitié du xviiie siècle, lorsque à l'Ouest d'autres idées économiques avaient déjà vu le jour. Celles-ci, le mouvement physiocratique en France et le libéralisme économique d'Adam Smith en Angleterre, ne furent pas favorables au développement des entreprises publiques. L'initiative privée qui se déploya avec l'augmentation de la richesse en capital eut de moins en moins besoin d'exemples et d'appui de la part des corps publics.

L'influence des idées individualistes a aussi pendant longtemps au xixe siècle empêché l'intervention de l'État dans le domaine où aujourd'hui les entreprises publiques ont pris le plus d'importance, dans les chemins de fer. Malgré la difficulté de réunir les grands capitaux, en vue de quoi on dut d'abord créer une nouvelle organisation bancaire sous la forme des « crédits mobiliers », la plupart des pays abandonnèrent tout d'abord la construction des voies ferrées à l'initiative privée. Il est caractéristique de voir que ce ne furent d'abord que de petits États qui osèrent construire des voies ferrées aux frais de l'État. La Belgique commença vers 1835, puis vint le Brunswick en 1837, le duché de Bade en 1838, la Bavière en 1840, le Hanovre en 1841, le Wurtemberg en 1842. Mais, dans les autres pays, l'État avait dû souvent y participer par la concession de garanties d'intérêts, etc. Le système des chemins de fer d'État ne prit une plus grande importance que lorsque, à la fin des années 70, la Prusse, qui sans doute avait déjà dans les années 40 construit quelques petites lignes aux frais de l'État, se mit à étatiser méthodiquement ses chemins de fer.

Depuis que la Prusse a adopté presque intégralement le système des chemins de fer d'État, des étatisations de chemins de fer sont intervenues en Autriche, en Russie, en Suisse, en Italie et dans d'autres pays. Mais nulle part l'étatisation n'a été si complète que dans l'Empire allemand. Des 58.216 km. de chemins de fer à voie normale de l'Empire allemand, 54.578 étaient propriété des différents États, 3.638 propriété privée, dont 129 étaient exploités par l'État. A cela il faut ajouter un peu plus de 1.000 km. de chemins de fer d'État à voie étroite et à peu près autant de chemins de fer privés.

L'administration des chemins de fer d'État de la Prusse et de la Hesse réunies était dès avant la guerre la plus grande des entreprises, — privées ou publiques —, du monde.

A côté des chemins de fer, les autres entreprises publiques d'État sont de peu d'importance. Nous citerons les mines et les établissements métallurgiques, qui jouent un grand rôle surtout en Prusse. L'État a, jusque dans les derniers temps, de plus en plus étendu son domaine : il l'exploite sous la forme de l'entreprise et il participe même aux cartels privés des mines. Mais on ne peut pas dire que sa gestion puisse, en quoi que ce soit, être donnée en modèle. Ses frais sont régulièrement plus élevés que ceux des entreprises privées, l'administration est bureaucratique et coûteuse et les rendements sont par suite peu satisfaisants.

Les exploitations publiques des communes sont de tout autre nature que celles des États. Elles comprennent des installations pour l'adduction des eaux, des usines à gaz, des installations de lumière et de force électriques, des tramways, des abattoirs, des champs d'épandage, des installations pour l'enlèvement des ordures, des halles, des instituts de publicité, des journaux communaux, des caisses d'épargne, des organisations de pompes funèbres. Beaucoup ne sont pas gérées comme entreprises, mais comme économies publiques. Mais, en général, et au moins pour les plus importantes, les prix sont là aussi établis en conformité de ceux de l'échange libre.

Au cours du XIXᵉ siècle, surtout dans la seconde moitié, par suite des progrès techniques considérables, de l'accroissement énorme du commerce, du trafic, de l'augmentation des besoins et de la richesse, le champ d'action des corps publics s'est considérablement élargi en tous sens. Pour une partie des travaux et des services devenus urgents, les corps publics ont paru les organes convenant le mieux. Ainsi s'est développé le socialisme d'État et le socialisme municipal, qui veut augmenter indéfiniment l'activité économique des corps publics. Le socialisme n'est, en l'espèce, comme nous le savons, que l'objectif dernier, qui veut par ce moyen supprimer l'entreprise privée, le « capitalisme » en général, et non pas l'étatisation, ou la communalisation isolée. Mais, au pays des doctrinaires et de l'agitation incessante des socialistes pour leur idéal, cet objectif dernier a très souvent rejeté à l'arrière-plan les problèmes d'ordre pratique qui se posaient dans chaque cas et que beaucoup n'ont voulu envisager que sous l'aspect des principes.

Dans cette lutte bien allemande autour des principes, dans laquelle les réformistes étaient naturellement les plus fanatiques, les représentants de l'ordre économique actuel, qui constituaient la partie adverse, ont fait grand cas de certaines organisations qui apparaissaient comme un compromis des deux ordres économiques et des deux « conceptions », individualiste et socialiste, par suite comme une conciliation des oppositions. C'est ce que l'on appelle les entreprises mixtes, fondées en commun par des corps publics et des entrepreneurs privés. Les modes en sont fort divers. Une des plus anciennes formes de ces entreprises mixtes est, par exemple, celle de la *Reichsbank*. Le capital est apporté par des particuliers, mais les employés sont nommés par l'État qui participe, dans une très grande mesure, aux bénéfices. Ce système a naturellement les inconvénients d'une administration bureaucratique, ce qui, il est vrai, a moins d'importance dans une banque d'émission, qui a une activité fixe et régulière. De plus, l'administration de la Reichsbank n'est pas uniquement aux mains de fonctionnaires. Car, à côté de la direction, siège le Comité central, auquel appartiennent 15 personnalités en vue du monde du commerce et qui doit se réunir au moins une fois par mois, pour prendre des décisions sur quelques-unes des tâches les plus importantes de la Banque, en particulier sur la fixation du taux de l'escompte. De plus, 3 délégués pris dans ce comité prennent part à toutes les séances de la direction de la banque, ont une voix consultative et forment une espèce de conseil de contrôle permanent. De tels comités formés des membres des différentes branches d'acquisition, ayant des fonctions plus ou moins importantes, sont à recommander dans les entreprises publiques, afin d'établir des relations plus étroites entre l'administration bureaucratique et la vie économique et apporter à l'administration leurs connaissances plus étendues des besoins économiques. En beaucoup d'endroits on en a établi et ils ont un rôle important, surtout dans les chemins de fer (conseillers des chemins de fer).

On a fondé de grandes espérances, pour le développement des entreprises publiques, sur ce système mixte de la Reichsbank. Mais il faut dire qu'ici justement la différence avec une entreprise tout à fait publique est fort minime. Le capital de la Reichsbank pourrait tout aussi bien être souscrit par les corps publics, comme c'est le cas pour d'autres banques centrales d'émission. Le fait qu'elle fonctionne au moyen de capitaux privés paraissait autrefois avoir un double avantage : on estimait que la banque se trouvait quelquefois (pas toujours !) plus indépendante du Gouvernement et des groupes d'intérêts du Parlement, qui pourraient s'en servir pour leurs fins, et qu'aussi son capital serait respecté au cas d'une invasion étrangère. Mais tout cela ne s'est pas vérifié ou n'a été qu'accessoire.

Plus importantes sont devenues dans les derniers temps deux autres formes d'entreprises mixtes, l'apport commun des capitaux en vue d'entreprises d'intérêt général par les corps publics et des particuliers. Les premiers s'assurent l'influence décisive en prenant 51 % des actions. On installe très souvent ainsi aujourd'hui des usines pour le gaz, l'eau, l'électricité, en particulier là où il y a collaboration de plusieurs communes ou de plusieurs districts, comme dans les centrales électriques, les chemins de fer d'intérêt local et autres entreprises semblables. La condition est de trouver le capital privé qui, cherchant à réaliser un gain, veuille bien ne former que la minorité en face des corps publics. Il faut naturellement un contrat précis sur le mode d'administration de l'entreprise, en particulier sur la fixation des prix et des services. Souvent on établit un rapport fixe entre ceux-ci et les bénéfices, de sorte que, lorsque le dividende dépasse un certain taux, les prix doivent diminuer. Pour la rédaction de tels contrats et de conditions de concession qui, dans ces entreprises, sont l'essentiel, on a peu à peu recueilli maintes expériences. Naturellement ces entreprises ne sont possibles que là où les affaires sont stables et où les résultats sont faciles à prévoir, où par suite on peut établir d'avance un schème. En tout cas le champ d'application de cette forme d'entreprise est par là relativement limité.

Dans ces entreprises, il s'agit le plus souvent de travaux qui ne peuvent être effectués que par voie de concession publique, ou bien dans lesquelles la collaboration des corps publics est, pour une raison quelconque, indispensable : par exemple pour l'expropriation, l'utilisation des voies publiques, etc. Aussi les corps publics ont-ils souvent pris le parti de laisser aux entrepreneurs privés le soin de se procurer le capital, mais de se réserver une participation proportionnelle au gain et aussi d'introduire dans la concession toutes les charges que leur semble exiger l'intérêt public. Comme il a été dit, cela est aussi le système de la Reichsbank, sauf qu'ici l'administration est aux mains de fonctionnaires. Il s'agit en règle générale de travaux qui sont tout spécialement d'intérêt public, d'entreprises qu'on qualifie en Amérique de *public service corporations*. Là où le capital privé n'est pas suffisant, il peut être complété par les corps publics.

Naturellement les corps publics ne doivent pas non plus trop exagérer leurs conditions de concession, ce qui effraierait le capital privé et ne rendrait possible que l'entreprise publique. La conclusion de contrats appropriés qui sauvegardent suffisamment les intérêts généraux, qui fassent aussi la part du fisc tout en donnant au capital privé un stimulant suffisant, supposent de la part des corps publics beaucoup d'habileté et une entente de la situation économique qu'on ne trouve pas toujours. La grande extension de ces entreprises : usines à gaz, usines d'électricité, chemins de fer d'intérêt local, n'est aussi bien pas due à l'initiative des corps publics, mais aux besoins des sociétés de construction qui cherchent sans cesse de nouveaux travaux. Les grandes fabriques de machines électriques en particulier qui veulent écouler leurs produits, se sont adressées aux différents corps publics pour obtenir des concessions, et peu à peu se sont établies les formes de concession et la fixation des droits et des devoirs de l'entreprise qui ont paru convenir davantage dans chaque domaine. Il en a été de même de la construction des chemins de fer d'intérêt local par quelques grandes firmes. Dans tous les cas de ce genre, il était relativement facile de réunir le capital privé, parce qu'on pouvait le faire pour une assez grande part par voie d'obligations qui, en dehors de leur sécurité le plus souvent garantie par hypothèques, sont plus sûres dans des entreprises concessionnées de ce genre que dans des entreprises ayant à lutter avec la concurrence. Il n'est pas rare que les corps publics s'engagent pour les obligations à des garanties d'intérêt, en particulier pour les chemins de fer d'intérêt local. Le capital par actions a pu par suite être maintenu assez bas et par suite, on a pu obtenir des revenus relativement considérables.

De cet exposé, il résulte déjà que l'importance au point de vue de la politique économique est moins de savoir qui possède les entreprises, si ce sont des entrepreneurs privés ou des corps publics, que les principes suivant lesquels elles sont administrées. Il est évident que l'État peut avoir, par sa législation, la plus grande influence même sur les entreprises privées. Par une politique économique appropriée, par des stipulations et des contrats opportuns dans les concessions, il peut réglementer dans une large mesure les entreprises privées et ainsi rendre très souvent superflue la création d'entreprises publiques. A cet égard l'avenir réserve à la politique économique de l'État et des communes encore de grands problèmes. La socialisation n'est en quelque sorte que le moyen le plus grossier de supprimer les abus de l'entreprise privée actuelle. Mais il est faux de la considérer comme le but nécessaire de toute l'évolution moderne. Il faut au contraire voir nettement aussi bien les limites des entreprises publiques, que les tendances opposées de l'évolution actuelle.

Mais avant de passer à l'étude de ces limites de l'entreprise publique, nous avons à nous occuper des raisons de leur formation.

3. LES RAISONS DE LA CRÉATION D'EXPLOITATIONS ET ENTREPRISES PUBLIQUES

Les raisons qui poussent les corps publics à la création et à la possession d'exploitations et d'entreprises indépendantes sont très diverses : 1° d'abord, il y a des entreprises qui se trouvent dans le domaine public principalement pour des raisons historiques. Ce sont les domaines et les forêts, les fabriques nationales de porcelaines et de drap, les usines métallurgiques et, en partie aussi, les mines. Quelquefois, c'est l'intérêt général qui pousse les corps publics à les conserver, comme c'est le cas pour les forêts. Ou bien c'est parce qu'elles livrent les matières premières pour d'autres exploitations d'État : c'est le cas des mines de charbon, qui approvisionnent les chemins de fer. Mais souvent elles restent des entreprises publiques simplement parce qu'elles le sont et qu'elles donnent des recettes, bien que l'État ne créerait plus aujourd'hui de telles exploitations.

2° Une autre raison pour la création d'entreprises publiques est le manque d'initiative privée. Ce fut, au temps du mercantilisme, la raison de la fondation des fabriques nationales de porcelaine, de drap, etc., qui existent encore aujourd'hui en partie. Ce fut plus tard, dans plusieurs pays, la raison principale de la construction des chemins de fer par l'État, et c'est, aujourd'hui encore, un de leurs grands avantages sur les entreprises de chemins de fer privées. L'État qui possède tout le réseau de chemins de fer sera plus disposé à construire des chemins de fer dans des contrées reculées, où l'initiative privée ne voudrait pas le faire parce qu'ils ne seraient d'aucun rapport immédiat. Il en est de même des tramways urbains, des usines à gaz, etc., qui souvent n'ont pris la forme d'entreprises publiques que parce que, aux conditions imposées par les corps publics, on ne put trouver de capitaux privés. Il y a lieu aussi de considérer que les corps publics peuvent se procurer des capitaux à meilleur compte que les entreprises privées. Cela diminue d'ailleurs d'importance à mesure que les chances de bénéfices d'une entreprise augmentent. Les chances de bénéfics remplacent, pour les capitalistes, la moindre somme de garanties que leur offrent les entreprises privées, et les poussent à acquérir des actions, au lieu d'obligations.

3° Une troisième raison en faveur des entreprises publiques joue aussi un rôle considérable : l'intérêt qu'il y a à une organisation d'ensemble de certains services sur l'étendue de tout un pays ou de toute une ville. Les exploitations publiques sont plus aptes à remplir cette condition. C'est le cas, par exemple, dans les postes et télégraphes. Si cette organisation était abandonnée à la concurrence privée, les grandes villes s'en trouveraient peut-être mieux, la transmission des nouvelles s'y ferait peut-être plus rapidement et à meilleur marché. C'est pourquoi, autrefois, il y avait de nombreuses postes privées dans les grandes villes. Mais, dans les petits villages, personne ne voudrait établir de bureaux de poste et la transmission des lettres y serait beaucoup plus chère. Dans le but d'une égalisation des services, l'État a exclu les postes privées. C'est exactement le même intérêt à une organisation d'ensemble dans les chemins de fer, le télégraphe et le téléphone, les tramways dans les grandes villes, qui a conduit à l'exploitation publique.

4° A cette dernière raison s'en rattache une autre non moins importante : le danger de monopolisation de certains services par des entreprises privées. En effet, dans ces branches d'entreprise, qui demandent une organisation d'ensemble, la tendance à la monopolisation est très forte, lorsqu'elles se trouvent aux mains de particuliers. Car, il est irrationnel, au point de vue économique, que la concurrence subsiste là où elle augmente le coût des services. Il est anti-économique, par exemple, qu'en Amérique deux lignes de chemins de fer relient les mêmes villes. Mais, s'il n'en existe qu'une, elle se trouve en possession d'un monopole naturel qu'elle pourrait exploiter sur le dos des consommateurs. Mais, nous avons vu que là aussi où la concurrence existe, il existe aujourd'hui une tendance des grandes entreprises à s'associer dans des buts de monopole pour la formation de cartels et de trusts. Rien ne s'oppose donc à ce que de telles organisations privées de monopole soient réglementées par l'État, comme c'est le cas en Angleterre et en Amérique pour les chemins de fer, et, dans ce dernier pays, pour le télégraphe et le transport des colis. L'exploitation publique n'est, en effet, que le moyen le plus radical d'enlever une branche de l'activité économique à la concurrence privée. Il peut exister des cas où ce moyen semble rationnel. Mais on ne peut pas établir de règle générale. Ainsi, par exemple, on ne peut pas donner une solution générale au grand problème de savoir si les chemins de fer d'État sont préférables aux chemins de fer privés. Cela dépend de nombreuses circonstances, du caractère du pays en question, de sa population, de son gouvernement, des qualités de ses fonctionnaires, etc. Au danger de monopolisation se rattache la spéculation intensive en Bourse, qui est favorisée par les chemins de fer privés et qui a eu une influence néfaste, surtout aux États-Unis. Ce sont aussi les dangers de monopolisation qui ont incité l'État à garder et à étendre ses mines.

5° Enfin la raison la plus générale pour la création d'entreprises privées est dans nombre de cas tout simplement le fait qu'il y a un *intérêt général* particulièrement grand à tel ou tel service, et on croit que cet intérêt sera davantage sauvegardé par des exploitations publiques. C'est dans ce cas que l'*économie* publique sera souvent mieux à sa place que l'entreprise publique, où le caractère d'acquisition des entreprises pourrait entrer en conflit avec l'intérêt général et où il peut apparaître plus convenable de mettre quelque peu à l'arrière-plan le principe du rendement sur lequel les entreprises sont fondées. Mais ici encore, comme en face du danger de monopole, il faudra d'abord faire la preuve que la simple réglementation légale d'entreprises privées ne sauvegarderait pas suffisamment les intérêts de la communauté. C'est ici qu'il faut ranger le fait très important pour la vie économique que des travaux demandant de grands capitaux, mais ne devant profiter surtout qu'à une génération à venir doivent être souvent assumés par les corps publics, vu que l'entrepreneur privé, qui compte sur des rendements prochains, fait ici défaut. Toutefois ces travaux sont souvent le fait plutôt d'établissements et d'exploitations publics (canaux, drainage, défrichement) que d'entreprises publiques.

6° Enfin il faut encore mentionner, comme raison pour la création d'entreprises publiques, le simple désir de gain des corps publics, la nécessité d'obtenir des recettes, qui les détermine à soustraire complètement certaines branches d'exploitation à l'entreprise privée et à se les réserver à eux-mêmes. Ce sont ces entreprises publiques que l'on pourrait appeler entreprises fiscales, parce que, au point de vue financier, elles ne sont qu'une forme spéciale de perception d'impôts indirects. En font partie par exemple les fabriques de tabac et d'allumettes d'État, les salines d'État, de même que les monopoles commerciaux tels que le monopole de l'eau-de-vie. Dans l'intérêt des recettes, on exclut alors complètement, en règle générale, la concurrence privée. Les bénéfices sont obtenus par une taxation des prix de vente. De telles entreprises fiscales remplacent généralement un impôt qui devrait donner les bénéfices ainsi obtenus.

Ainsi, il apparaît que la nécessité de l'existence d'entreprises publiques ne résulte pas, à proprement parler, et de façon absolue, des raisons diverses pour lesquelles elles se sont formées. Dans les cas les plus importants : 3, 4, 5, la simple réglementation des entreprises privées par l'État serait quand même possible. Même lorsque les trois raisons se trouvent réunies comme dans les chemins de fer, où l'intérêt général, les avantages d'une organisation d'ensemble et le danger de monopolisation militent pour des entreprises publiques, il ne saurait pourtant être question d'une supériorité universelle du système des chemins de fer d'État sur celui des compagnies privées. L'exemple de l'Angleterre et des États-Unis prouve, sans que la réglementation puisse y être qualifiée à tous égards de satisfaisante, qu'en soi une réglementation légale, précise, des chemins de fer privés est très possible. La dernière raison non plus, qui fait des entreprises publiques un mode d'imposition, n'entraîne évidemment pas la nécessité de ces entreprises.

Il s'ensuit donc que les entreprises publiques paraissent le plus nécessaires dans le cas n° 2, pour la raison du manque d'initiative. Mais ce point de vue qui, autrefois, a joué un rôle important, a été relégué aujourd'hui, dans nos économies nationales développées, tout à fait à l'arrière-plan. Il existe aujourd'hui plutôt trop d'initiative que pas assez et, là où elle manque, on peut dire, en général, que l'activité des corps publics serait anti-économique et n'aboutirait qu'à un rendement inférieur au rendement moyen. L'intervention des corps publics ne se justifie donc que lorsque l'intérêt général joue un rôle si considérable que le principe du rendement doit reculer à l'arrière-plan. Et il y a des cas, en effet, où de telles entreprises ne sont exploitées qu'en apparence dans le but d'obtenir des bénéfices, mais en vérité à cause de l'importance de leurs services au point de vue de l'intérêt général (chemins de fer dans les contrées reculées).

Dans ces cas précisément, il n'y a pas place pour des entreprises publiques, mais pour des établissements et des économies publics, car ce serait un paradoxe que l'État entreprît une exploitation dans un but d'utilité publique sous la forme de l'entreprise, qui vise avant tout à un gain en argent. C'est là qu'est justement le point faible de toutes les entreprises publiques : les conflits d'intérêts chez les membres des corps publics en tant que possesseurs d'entreprises sont inévitables. L'État ou la commune seraient, en tant que fisc, c'est-à-dire au point de vue de leur administration financière, intéressés, tout comme un entrepreneur privé, à des gains aussi élevés que possible. Mais, en même temps, ils doivent sauvegarder aussi les intérêts de la collectivité, qui exigent le plus souvent dés prix peu élevés pour les produits livrés et les services rendus, et qui se trouvent lésés lorsque l'État applique dans ses entreprises le principe de la réalisation du maximum de gain. Les entreprises publiques sont donc, pour ainsi dire une *contradictio in adjecto*.

Il est donc naturel que l'application du principe du rendement par les corps publics ait soulevé des critiques. On a dit que l'État ne devait pas exécuter les travaux qu'il assume, ne serait-ce que pour l'essentiel, dans l'intérêt public, d'après le principe du rendement, mais d'après celui du coût, bref on a demandé uniquement des économies publiques et pas d'entreprises publiques.

Que doit-on répondre ? Ce désir est-il légitime ? Il serait, faut-il dire, légitime dans une certaine mesure, si l'État, en dehors du coût de ces entreprises, n'avait pas à faire d'autres dépenses. On pourrait alors demander qu'il ne réalisât pas non plus de bénéfices — car à quoi les employer ? — mais qu'il couvrît seulement le coût. On sait que ce n'est pas le cas. L'État a des tâches à remplir qui lui occasionnent des frais énormes et ne lui rapportent rien, par exemple surtout la sécurité extérieure et intérieure. Il peut s'en procurer les moyens en dehors des impôts par les « recettes d'acquisition » que sont les entreprises publiques. De telles recettes, à côté des impôts, atténuent le poids de ceux-ci. Comme les impôts sont d'autant plus inégalement répartis qu'ils sont plus élevés, il est très bien de les compléter par des entreprises d'acquisition à la charge de l'État. Il en est naturellement de même des communes. Ainsi les différentes raisons pour lesquelles sont créées des entreprises publiques reçoivent un appui sérieux de la nécessité où l'on se trouve de réunir de quelque façon les moyens en vue de subvenir aux dépenses publiques.

Mais pour une autre raison, solidaire de celle-ci, il est légitime que les corps publics exploitant des branches d'activité économique ne le fassent pas d'après le principe du coût, mais bien comme des entreprises privées, moins rigoureusement peut-être, d'après le principe d'acquisition : les services de ces entreprises ne sont en effet pas utilisés dans la même mesure par tous les citoyens. Si donc ces services deviennent si bon marché qu'ils ne fassent que couvrir les frais, les diverses économies n'ont pas le même intérêt à ce qu'ils soient l'œuvre des corps publics et non pas d'entreprises privées. Si par exemple, les transports par chemins de fer étaient très bon marché, les producteurs qui expédient beaucoup de marchandises lourdes, pour qui les frais de transport constituent par suite une grande partie des frais généraux, et en particulier les grands producteurs, par exemple de charbon ou de ciment, et de même les grands consommateurs en retireraient un avantage très considérable. Le petit artisan local, le petit cultivateur et surtout tous les ouvriers ne profiteraient nullement des prix peu élevés de transport. Le transport à bon marché des colis profite bien plus à certaines grandes maisons de commerce qui expédient beaucoup qu'au petit cultivateur ou à l'artisan. Cette considération vaut aussi et surtout pour le charbon. Si les mines « socialisées » s'avisaient de vendre le charbon à des prix qui ne fussent pas adaptés au système général des prix, cela favoriserait certaines branches industrielles, au grand détriment de certaines autres, Il est donc tout à fait légitime que les prix de tous les produits et services importants fournis par les corps publics soient eux aussi déterminés suivant les principes du trafic général. On voit une fois de plus qu'il n'est pas si facile que le croit le socialisme, de se dégager de l'ordre économique actuel ; il n'est pas permis d'intervenir arbitrairement en un point quelconque sans compromettre tout le mécanisme ; or, ce mécanisme, on n'a rien de mieux par quoi le remplacer. Que certains instruments de production deviennent propriété publique, cela n'est pas une socialisation véritable, au moins autant que la vente des produits s'effectue suivant le principe d'acquisition. Et, même dans le cas contraire, il ne saurait être question de socialisme pour les fournisseurs de matières premières et pour les ouvriers. Si l'on veut qualifier de « socialisées » des branches économiques telles que les chemins de fer allemands ou les mines de charbon transférées à une « collectivité charbonnière », je n'y vois pas d'inconvénient. Je ne fais pas de querelle de mots, mais j'estime qu'il est très important de tenir compte des principes ici exposés pour bien juger l'ordre économique actuel, ainsi que les théories et propositions socialistes.

On voit pourquoi il n'a été question ici, parmi les raisons de la création d'exploitations publiques, ni des ouvriers, ni de leur situation défavorable, ni de leurs desiderata. La condition des ouvriers n'est nullement améliorée, la « plus-value » n'est d'ailleurs pas supprimée par le simple fait que certains instruments de production deviennent propriété publique. Tant que l'agriculture, qui fournit les produits les plus importants, n'aura pas été socialisée, tant que la tendance de chaque individu au gain n'aura pas été évincée, là aussi et partout, notre vie économique gardera une organisation individualiste, capitaliste. Mais avant de passer à la question de savoir si le mode de l'entreprise peut être supprimé partout et sous toutes ses formes, si la tendance de chaque individu au gain peut être complètement éliminée, nous allons d'abord considérer l'administration des exploitations publiques.

4. L'ADMINISTRATION DES EXPLOITATIONS ET ENTREPRISES PUBLIQUES

Nous en arrivons ainsi des raisons de la création d'exploitations et d'entreprises publiques aux principes d'administration suivant lesquels elles sont gérées. A ce point de vue, il y a à distinguer deux groupes d'exploitations publiques : celles où les corps publics se réservent le droit exclusif de l'exploitation et celles qu'ils exploitent en concurrence avec des entreprises privées. Dans ces dernières la fixation des prix est complètement basée sur le principe d'acquisition de l'exploitation privée. La formation du prix se fait ici suivant les principes et sous la domination du libre trafic, elle se règle sur la demande, les besoins des consommateurs, et l'offre s'effectue suivant les possibilités de bénéfices calculées par les entrepreneurs. Les corps publics sont obligés de suivre ces prix du marché libre et ils en sont par suite dépendants pour ce qui est des bénéfices. Cela est vrai surtout de l'administration des mines, des domaines et des forêts. Sans doute, dans l'exploitation minière en particulier, la tendance au monopole joue en Allemagne, même dans les entreprises privées, un grand rôle ; de sorte qu'on ne peut tout au plus parler de la formation du prix par le libre trafic que là où la concurrence étrangère entre en ligne de compte. Mais il est apparu que, précisément, par suite des intérêts fiscaux qui se manifestent dans toutes les entreprises publiques, la concurrence de l'État n'a le plus souvent pas eu de succès, si bien que même comme moyen contre les monopoles privés, la création d'entreprises publiques n'a pas été jusqu'ici de grande importance. Dans l'exploitation de la potasse, l'État a même été dès le début membre du cartel. Mais par sa participation il a énormément accru la tendance, qui existe déjà en soi, dans et à côté de chaque cartel, à l'extension et à la création de nouvelles entreprises. Lorsqu'ensuite dans les dernières années, par suite du trop grand nombre de nouvelles entreprises, le syndicat menaça de se dissoudre et que la libre concurrence qui en aurait résulté, aurait diminué aussi les revenus de l'État, celui-ci essaya par tous les moyens à maintenir les cartels et, ayant échoué, il finit par créer un syndicat obligatoire. Il a par là augmenté encore la surcapitalisation énorme qui existait déjà auparavant dans cette industrie et qui, au point de vue de l'économie nationale, constitue un grand gaspillage de capital.

L'affirmation souvent entendue que le monopole d'État peut être préférable au monopole privé, n'est donc pas toujours exacte. Au contraire, il sera souvent plus facile d'imposer certaines limitations à des monopoles privés par des interventions de l'État dans la fixation des prix, que de procéder tout de suite à une étatisation, pour laquelle il faudra indemniser les propriétaires actuels ; un tel système sera, surtout, plus avantageux au point de vue de l'économie nationale, là où les conditions ne se prêtent pas à la gestion par les corps publics.

Parmi les autres branches de production, en dehors des mines, où des entreprises publiques entrent en concur-

rence avec des entreprises privées, il y a lieu de citer l'agr -
culture et l'exploitation forestière, où la possession et la
gestion par les corps publics est recommandable, parce que
ceux-ci peuvent, beaucoup mieux que les entreprises privées, mener une gestion rationnelle s'étendant sur un
espace de temps très long. Surtout, ils peuvent beaucoup
mieux que les entrepreneurs privés reboiser des terres
incultes et effectuer d'autres travaux du même genre, parce
qu'ils n'attachent pas une importance aussi considérable à
un rendement immédiat. De plus, ils peuvent soustraire
complètement à l'exploitation économique les forêts dont
la conservation est d'intérêt général, par exemple dans le
voisinage des grandes villes. Mais, dans toutes ces circonstances, on peut dire justement que le caractère d'entreprise recule à l'arrière-plan. D'ailleurs, l'intérêt général demande une réglementation par l'État même de l'exploitation des forêts privées.

Pour ce qui est des domaines, l'État ne les exploite pas,
en grande partie, lui-même, mais les loue à des fermiers.
C'est pourquoi les principes indiqués plus haut ne valent
pas ici. Il n'y a pas, dans ce cas, nécessité d'une propriété
publique et celle-ci ne constitue qu'une partie infime de
la propriété agricole. On sait, de plus, que le fermage
n'est nullement un système idéal. Si les fermages sont
courts, il arrive, le plus souvent, que le fermier s'occupe
avant tout de ses intérêts privés, qu'il épuise le sol et
néglige de l'améliorer ; avec de longs baux, l'État ne
pourra, en général, pas avoir sa part suffisante dans les
augmentations de rendement. Les fermes-modèles, les
établissements d'expériences agricoles, etc., ne constituent pas des entreprises.

Parmi les entreprises publiques qui, au moins en partie, entrent en concurrence avec les entreprises privées, se trouvent aussi les banques d'État et les caisses d'épargne communales. Les banques d'État jouaient, lorsque l'économie n'avait pas encore atteint un grand développement, un rôle important pour l'encouragement du crédit, l'accroissement de l'initiative et le placement des emprunts nationaux. Elles ont encore une certaine importance aujourd'hui pour la gestion des fonds publics, cependant, dans beaucoup d'États, comme en Russie, en Scandinavie, l'émission des billets de banque est réservée à l'État ou à une banque centrale d'État, pendant que, dans d'autres pays, en Angleterre, en France et en Allemagne, on concessionne des sociétés par actions privées, qui se trouvent quelquefois, comme c'est le cas pour la Reichsbank, sous l'administration de l'État. La guerre a appris que lorsque la pression des besoins de l'État devient excessive, aucun système n'est inaccessible aux abus et à leurs conséquences néfastes (inflation).

Les caisses d'épargne communales font, dans une certaine mesure, concurrence aux banques privées, parce qu'elles reçoivent des dépôts. Mais elles ont l'avantage que la fortune des corps publics leur garantit une grande sécurité. Elles entrent surtout en ligne de compte pour les couches sociales qui ne se trouvent pas en relations permanentes avec une banque.

Parmi les entreprises publiques qui excluent la concurrence privée, le principe du rendement ne prédomine que dans les entreprises fiscales. Dans les autres, la fixation du prix est le résultat, en général, d'une combinaison entre les deux principes du coût et du rendement. En tout cas, ce dernier ne domine pas exclusivement comme dans les entreprises privées. Le principe du coût marque la limite inférieure des prix. La question de savoir si les prix réels peuvent se rapprocher plus ou moins de cette limite, devrait dépendre théoriquement de l'intérêt plus ou moins général qu'offre l'entreprise. Plus elle profite à des classes professionnelles peu nombreuses, plus la fixation des prix, du point de vue des corps publics et encore plus de celui de la collectivité, doit suivre les principes généralement appliqués dans le commerce. Mais, en fait, même dans les cas où il s'agit bien d'un intérêt très général, le principe fiscal, c'est-à-dire la nécessité d'obtenir un rendement pour des fins nationales joue un tel rôle que celui-ci explique surtout l'existence d'entreprises publiques. De là viennent ces plaintes permanentes que l'État administre ses entreprises trop du point de vue fiscal.

Il y a là, en effet, un des problèmes les plus difficiles qui se posent aux corps publics. Il y a tant de degrés dans l'intérêt qu'a la collectivité aux services publics et ces intérêts sont si difficiles à établir et à comparer entre eux que la fixation d'un prix convenable et juste est toujours plus ou moins arbitraire. C'est le cas surtout pour les entreprises publiques les plus importantes, les chemins de fer. Eux aussi ne jouent pas le même rôle dans les différentes classes de la population et des tarifs bas ne profitent pas également à tous. Cependant, des tarifs peu élevés peuvent augmenter considérablement le trafic général et ainsi profiter indirectement à des groupes économiques qui n'en retirent aucun avantage immédiat. C'est pourquoi l'établissement de tarifs équitables est un problème fort difficile et il est presque impossible de dire, dans chaque cas particulier, si les intérêts de la collectivité ont été respectés. Il est vrai qu'il s'agit ici de services dont le prix ne pourrait jamais être fixé par la libre concurrence. Même dans les pays qui ont le système des chemins de fer privés, l'État a dû intervenir largement dans la fixation des tarifs. Dans les chemins de fer d'État, la question se complique encore du fait qu'ils doivent s'efforcer d'obtenir des recettes pour remplir des obligations d'utilité publique. Mais, d'autre part, dans les chemins de fer privés, une concurrence exagérée n'est pas désirable pour l'économie nationale, d'abord parce qu'elle gaspille des capitaux, ensuite parce que des fluctuations trop fréquentes dans les tarifs sont néfastes pour l'économie nationale. Un des plus grands avantages des chemins de fer d'État est justement la fixité de leurs tarifs, du moins si on les compare, par exemple, aux chemins de fer américains, tandis que les chemins de fer privés anglais ne sont pas inférieurs aux nôtres à ce point de vue. De plus, aux époques de crises, les chemins de fer d'État pourront plus facilement diminuer leurs tarifs pour certaines marchandises.

Les fixations de prix entraînent régulièrement aussi de très grandes difficultés dans les entreprises communales où la concurrence est le plus souvent exclue. Les services aussi de ces entreprises profitent aux habitants dans une mesure très différente et il serait souvent injuste, pour cette seule raison qu'accidentellement ils ne sont pas l'œuvre d'entrepreneurs privés, mais de corps publics, de renoncer complètement au principe du rendement, c'est-à-dire à la fixation des prix suivant les normes du libre trafic. Effectivement les besoins financiers des communes font aussi que ces exploitations sont d'ordinaire administrées comme des entreprises. Aussi bien les habitants profitent-ils ici plus immédiatement et de façon plus visible par voie de dégrèvement d'impôts, de l'élévation des prix que pour les entreprises d'État.

La fixation des prix des entreprises publiques n'est qu'un côté, le côté extérieur de leur gestion. De grandes difficultés surgissent aussi fréquemment en ce qui concerne l'administration intérieure. Ce que nous avons déjà vu dans les sociétés par actions s'applique encore bien plus aux entreprises publiques : la possession et la direction de l'entreprise sont séparées. Les propriétaires sont les corps publics, la direction est aux mains de fonctionnaires. La conséquence déjà indiquée pour les sociétés par actions est une certaine lourdeur dans la direction. C'est un fait connu : des exploitations publiques travaillent avec plus de frais ; la règle est tout à fait générale. L'État doit presque partout où il rend des services économiques ou fait appel à ces services, dépenser plus que d'autres. Un bâtiment public revient plus cher que s'il était construit au compte de particuliers. Cela tient à la moins grande souplesse dans la direction et à ce que les fonctionnaires y sont moins intéressés. Cela apparaît bien plus encore dans les entreprises publiques que dans les sociétés par actions ; car tandis qu'un directeur général capable, doué de talents d'organisation, concentre souvent toute la direction entre ses mains, le cas est dans des entreprises publiques généralement impossible par le fait des conseils et de la hiérarchie administrative. Une société par-actions peut donc convenir dans nombre de branches industrielles où une entreprise publique serait fatalement vouée à l'échec.

Il faut encore considérer que les fonctionnaires des corps publics sont le plus souvent encore moins intéressés que dans les sociétés par actions. La perspective d'une élévation de traitement, de l'avancement, des titres et des décorations ne compense pas absolument l'absence d'intérêt personnel. Il faut ajouter que l'avancement ne résulte jamais que de la moyenne des services et que très souvent la réalisation d'un bénéfice n'est pas suffisamment appréciée, qu'elle peut même être mal vue par les supérieurs. Ce moindre intérêt de la part des fonctionnaires doit dans les entreprises publiques, tout comme dans les sociétés par actions, faire sentir d'autant plus ses inconvénients que le rendement dépend davantage de l'initiative personnelle. Si les sociétés par actions conviennent déjà peu, par suite de la moindre souplesse de leur direction, à toutes les entreprises à caractère de spéculation, où il s'agit surtout de prendre des décisions rapides, les entreprises publiques conviennent encore moins. Il est vrai que dans un pays où existe, où a existé de tout temps, une classe de fonctionnaires éprouvés comme en Allemagne, les entreprises publiques sont encore possibles dans des domaines où, dans d'autres pays, l'absence de fonctionnaires appropriés les rendrait inimaginables. Pour cette raison déjà, le domaine des entreprises publiques est très différent suivant les pays.

On a sans doute essayé d'intéresser les fonctionnaires publics par des tantièmes, tout comme dans les sociétés par actions. Mais ce système offre des inconvénients dans toutes les entreprises publiques qui ne sont pas exclusivement exploitées en vue des bénéfices. Cela ne peut en tout cas se produire que là où le prix des services est fixé à l'avance et où les fonctionnaires ne peuvent pas augmenter leurs revenus par des élévations de prix, donc là seulement où les bénéfices peuvent être augmentés par une économie dans les dépenses, sur quoi les fonctionnaires peuvent influer, par un plus grand soin, par une surveillance plus étroite, etc. Mais alors les tantièmes ne doivent pas être limités aux fonctionnaires supérieurs. Et il y a naturellement de grandes difficultés à y faire participer des catégories trop nombreuses de fonctionnaires, ce qui d'ailleurs n'est pas partout possible. Ce serait porter un coup à l'échelle rigoureuse de la hiérarchie et à la réglementation de l'avancement. En tout cas une plus large extension du système des tantièmes par les entreprises publiques serait une mesure à étudier. Car précisément pour les emplois supérieurs il est souvent difficile de trouver des gens ayant les capacités voulues parce que les grandes entreprises privées leur accordent des traitements bien supérieurs ; mais en général ceci sert aussi l'intérêt de l'économie nationale, car des talents d'organisation peuvent généralement s'exercer bien plus librement dans des entreprises privées.

D'ailleurs la concession de tantièmes entraîne aussi des dangers. Ainsi on a prétendu que parfois les directeurs de la « Dresdner Bank » pour avoir des tantièmes plus élevés stimulent les commerçants et les banques à présenter à l'escompte le plus grand nombre d'effets possible, alors qu'officiellement on se plaint de la tension exagérée du crédit.

Un inconvénient du système hiérarchique et bureaucratique dans l'administration d'entreprises publiques résulte aussi de l'absence fréquente d'une formation spéciale pour les fonctionnaires. L'esprit commerçant en particulier fait souvent défaut. Les fonctionnaires ont une formation technique ou juridique unilatérale, ils n'ont d'ordinaire jamais travaillé dans des entreprises privées et ne connaissent pas les calculs minutieux qu'entraîne le désir du gain dans les exploitations privées. L'intérêt de l'avancement occasionne fréquemment des changements trop nombreux d'occupation et de résidence — les fonctionnaires les plus âgés doivent peu à peu être transférés dans les résidences les plus agréables —, les directeurs en particulier n'ont souvent pas l'expérience suffisante. L'engagement à vie de la plupart des fonctionnaires est souvent aussi un obstacle. Pour tous ces motifs, l'entreprise privée est supérieure au point de vue de la gestion.

La différence entre l'entreprise publique et l'économie publique se manifeste aussi dans la situation des ouvriers. Dans les premières, principalement dans les mines et dans les manufactures nationales, la situation des ouvriers est tout à fait la même que dans les entreprises privées. A cette différence près que, souvent, l'État, — mais pas toujours, — éprouve le besoin de faire de ses entreprises des exploitations-modèles au point de vue social et accorde, par conséquent, beaucoup de secours, de pensions, etc. La situation des corps publics en tant qu'employeurs vis-à-vis des grandes masses d'ouvriers pose certains problèmes difficiles. Plus ces exploitations ont le caractère d'économies publiques, plus le principe d'acquisition s'y efface, plus les ouvriers devraient être dans la situation de fonctionnaires au lieu d'être liés par un libre contrat de travail. Il en était souvent ainsi avant la guerre. Mais depuis la révolution, de la part des cheminots en particulier, on a fait tout l'usage possible du principe du libre contrat de travail, des coalitions et des grèves. Il en a été de même dans la poste. Les ouvriers suivent ici eux-mêmes, sans restriction aucune, la tendance au gain, alors qu'ils la combattent chez les employeurs. Une pareille situation est d'autant moins admissible que les exploitations publiques doivent perdre davantage le caractère d'entreprises et être gérées comme des économies, dans l'intérêt de la collectivité.

Il sera donc de plus en plus nécessaire d'abroger dans ces domaines en particulier le droit de grève et de remplacer le libre contrat de travail par un statut de fonctionnaire. On pourra même considérer les moyens de suppléer, par la création de Ligues civiques ou l'institution du travail obligatoire, d'une année de travail au service de la collectivité en remplacement du service militaire, à la défection de ceux des ouvriers de ces exploitations publiques qui ne voudraient pas se soumettre à l'intérêt général. Naturellement, il est nécessaire de donner aux ouvriers ainsi privés du droit de faire valoir leur intérêt privé, certaines compensations sous forme de droit à pension, etc. Mais, ici encore, on peut dire d'une façon générale ce qui a été dit pour la socialisation de certaines branches industrielles : dans une vie économique qui repose dans son ensemble sur la tendance de chaque individu au gain, il est difficile de faire une place à des organisations d'une nature différente.

Plus les exploitations publiques prendront de l'extension par suite de socialisations, plus ces problèmes gagneront en acuité. Les corps publics sont souvent trop enclins, en tant qu'employeurs, à céder aux demandes d'augmentations de salaires formulées par leurs ouvriers et employés, car ils ne sont pas obligés au même titre que des entrepreneurs privés, de se préoccuper du rendement. Les déficits qui peuvent survenir sont mis à la charge des contribuables. Cela apparaît surtout maintenant, dans cette période d'après-guerre, où on semble, en fait de finances publiques, avoir perdu l'habitude de calculer et d'économiser. Il est bien possible qu'il y ait là une des raisons qui expliquent que tant d'ouvriers demandent à cor et à cri la socialisation. Les exploitations publiques leur apparaissent comme des employeurs plus commodes, à qui il sera plus facile d'imposer des augmentations de salaires et toutes les revendications des syndicats qu'aux entrepreneurs privés. Ceux-ci finiraient par fermer leurs exploitations, ce que les corps publics ne feront pas. Mais les ouvriers qui procèdent ainsi, oublient qu'ils sacrifient par là leur solidarité de classe, qui est la seule base de leur puissance politique : on en arriverait peu à peu à créer un antagonisme entre les ouvriers des entreprises socialisées et ceux des entreprises non-socialisées.

Mieux vaudra donc pour les ouvriers s'occuper des conditions nouvelles qui interviendront inévitablement dans le statut du travail des branches d'industrie socialisées. Les meilleures formes pour cela ne sont pas encore trouvées et elles auront sans doute besoin d'une assez longue évolution. Mais il est inévitable que, dans les exploitations publiques, notamment dans celles qui assurent des services de première nécessité pour la collectivité, les travailleurs aient une autre situation que dans les entreprises privées. Il est nécessaire qu'ils soient soumis à un statut spécial de fonctionnaires ou d'auxiliaires qui, tout comme pour les fonctionnaires des catégories supérieures, soit exclusif du droit de grève. Mais on se trouve alors en présence de la difficulté de trouver, en dehors du libre jeu de l'offre et de la demande, la rémunération convenable. Pour les services où l'intérêt d'acquisition des entrepreneurs a été évincé, celui des ouvriers ne devrait pas non plus avoir sa place. Ceux qui se tournent vers une profession de ce genre, devraient se rendre compte dès l'abord qu'ils occupent, en tant qu'agents de fonctions publiques, une autre situation que les ouvriers engagés d'après le principe du libre échange. Ils ont d'autres devoirs, mais aussi d'autres droits ; ils peuvent difficilement, si leurs capacités, contrôlées le plus souvent au préalable par des examens, sont suffisantes, être congédiés ; des pensions et autres avantages analogues leur sont assurés. Il y aurait lieu là aussi de faciliter davantage au mérite l'avancement aux emplois supérieurs, et en général d'éviter plus qu'on ne l'a fait jusqu'ici, une gestion routinière. Ceci dépend principalement des fonctionnaires supérieurs. Mais intéresser ceux-ci à une bonne gestion en leur payant des traitements aussi élevés que ceux des directeurs des entreprises privées — ce qu'on a été obligé de faire en Russie dans de nombreuses branches d'industrie socialisées —, n'est pas recommandable. Mieux vaut, pour ces domaines d'activité, renoncer à la socialisation. Là où celle-ci a lieu, la tendance des employés au gain le plus élevé possible ne devrait plus avoir de place. Elle devrait être remplacée, naturellement avec un traitement convenable, par le sentiment du devoir. Ce n'est que de cette façon qu'il peut être possible d'exclure peu à peu, de domaines de plus en plus nombreux, la tendance de chaque individu au gain, laquelle cédera le pas au sentiment du devoir envers la collectivité, sur quoi on pourra finalement édifier un nouvel ordre économique. Mais nous en sommes aujourd'hui, il faut bien le dire, plus éloignés que jamais. Il est certain qu'un nouvel ordre économique ne peut être introduit du jour au lendemain et qu'il ne peut pas être institué de façon artificielle par le moyen d'organisations, aussi nombreuses soient-elles ; il ne peut être l'œuvre que d'une lente évolution morale. Un nouveau corps social ne peut être édifié que par un nouvel esprit social.

5. LES LIMITES DES EXPLOITATIONS ET ENTREPRISES PUBLIQUES

De ce qui a été dit sous les deux titres précédents, on peut déduire les limites qui s'imposent à l'emploi d'entreprises publiques. Elles ont, sur une échelle encore plus grande, les inconvénients des sociétés capitalistes. Leur direction est encore moins souple, l'intérêt des directeurs encore moindre. C'est pourquoi l'entreprise publique ne convient pas là où il s'agit de décisions rapides, de calculs minutieux, d'arrangements prompts. Dans les branches d'entreprise où entrent en ligne de compte les fluctuations de la conjoncture, les variations du marché, les progrès techniques et les changements dans la production qui en résultent, l'entreprise publique n'est pas à sa place. Elle ne convient pas là où le coût et les prix sont soumis à de grandes fluctuations. D'abord parce que la direction bureaucratique est incapable d'adapter la marche de l'exploitation à des variations nombreuses de coût, ensuite parce que les prix des services publics doivent être établis pour une longue période. De même, la gestion financière de l'État est rendue difficile lorsque, dans les entreprises publiques, comme dans les entreprises privées, il y a une année de grands bénéfices, une année suivante de grosses pertes. Déjà avant la guerre, les grandes entreprises d'acquisition de l'État prussien rendaient difficile, en comparaison avec les autres États, l'établissement du budget.

On peut exprimer encore cette limite des entreprises publiques de la façon suivante : une branche d'activité économique est d'autant moins susceptible d'être exploitée par des entreprises publiques qu'elle s'adapte moins à un schème fixé à l'avance par le gouvernement ou par les ordres des supérieurs et c'est le cas aujourd'hui de la plupart des branches d'entreprise. Le fait que, dans les chemins de fer, les usines de lumière et de force électriques, l'entreprise publique ait généralement réussi ne doit pas induire à cette généralisation que la substitution d'entreprises publiques aux entreprises privées soit partout désirable. Lorsque se manifestent des abus dans une branche d'industrie privée, il faut examiner s'il n'y a pas d'autre forme de réglementation, en dehors de l'étatisation, capable de les empêcher.

Il faut encore considérer que la transformation d'entreprises privées en entreprises publiques n'est envisagée que moyennant indemnisation des propriétaires actuels. On ne se fait pas toujours, aujourd'hui, une idée suffisante des difficultés que cela entraîne et des torts qui peuvent en résulter pour l'économie nationale. La détermination de l'indemnité est très délicate, et, surtout avec les fluctuations actuelles de la valeur de l'argent, absolument arbitraire. Si l'on voulait estimer les entreprises, les mines de charbon par exemple, à leur valeur actuelle, cela donnerait des sommes formidables à payer par l'État. Et avec quoi l'État pourrait-il les payer ? Que valent les titres de dette, si élevé qu'en soit le taux d'intérêt, d'un État que la guerre, le gâchis intérieur et des conditions écrasantes de paix ont mis en banqueroute ? Quant à indemniser les propriétaires au moyen d'effets gagés par les propriétés même qu'ils céderaient, en quoi cela modifierait-il la situation, si les entreprises étaient estimées à leur valeur véritable ? L'État aurait tout au plus à assumer le risque si les exploitations n'étaient pas à même de faire face au service des intérêts, ce qui n'est aujourd'hui rien moins qu'invraisemblable. De quelque façon que les propriétaires antérieurs soient indemnisés, cela jettera par ailleurs des quantités infinies de nouveaux effets sur le marché et il en résultera des déplacements de fortunes considérables, ce qui est toujours néfaste au point de vue de l'économie nationale.

Tout cela n'empêche naturellement pas que certaines activités, par exemple la fourniture de l'électricité, ne puissent être soustraites aux entreprises privées et confiées à des exploitations publiques, sous la forme soit d'entreprises, soit d'économies. Mais, en général, l'entreprise publique n'est certainement pas le but vers lequel tend l'ensemble de l'évolution économique. Les limites de son emploi sont trop étroites, et, dans les quelques cas où elle peut être employée, elle ne signifie pas une transformation de notre ordre économique. Que dans l'agriculture on ne puisse envisager pour un avenir plus ou moins prochain la socialisation, tout le monde s'en rend de plus en plus compte. Et comment veut-on supprimer les conséquences mauvaises du capitalisme si le commerce lui aussi et surtout reste un domaine d'exploitation individualiste, si la spéculation sur les marchandises et les effets, qui permet de réaliser des bénéfices bien plus considérables que la production, peut se poursuivre comme jusqu'ici ? Pour poursuivre leurs buts utopistes, les socialistes négligent beaucoup de tâches plus proches et d'une réalisation plus facile.

Un des arguments des socialistes en faveur de la socialisation, c'est que les ouvriers ne veulent plus travailler pour le capitalisme privé, qui, à leur avis, les exploite, que leur goût au travail et le rendement de leur travail se trouveraient accrus s'ils travaillaient pour une « exploitation collective ». C'est de cet argument que le socialisme tire parti pour prétendre que le rendement de l'exploitation socialiste serait meilleur, malgré la moindre durée du travail. Nous ne voulons nullement dédaigner ce point de vue. Mais il ne vaut lui aussi qu'avec la socialisation intégrale, et encore suppose-t-il que tous les travailleurs soient pénétrés du sentiment qu'ils accomplissent un devoir d'ordre public. Avec la vague de paresse actuelle, il entraînerait une grave catastrophe économique. Jusqu'ici, et tout cas, on n'a jamais entendu dire que les ouvriers des chemins de fer, des mines de l'État, travaillent avec plus de goût et de façon plus intensive, sachant que c'est la collectivité, et non point certains capitalistes, qui profite du rendement de leur travail. Notre tâche première, c'est précisément, comme nous l'avons vu plus haut, d'éduquer peu à peu un esprit de ce genre. Mais tant que les ouvriers ne veulent supprimer l'intérêt privé qu'en ce qui concerne les capitalistes et qu'ils entendent poursuivre eux-mêmes le leur sans restriction, toutes les socialisations ou à peu près feront naufrage et elles ne feront qu'avoir les répercussions les plus graves sur notre situation économique.

La socialisation est aujourd'hui partout demandée là où la concentration des entreprises est très avancée, où des groupements de monopole, des cartels et des trusts, tiennent une grande place. Ces branches d'industrie sont désignées comme « mûres pour la socialisation », et les socialistes invétérés, férus de l'idée que la socialisation est, sans aucun doute possible, le stade le plus prochain de l'évolution, ne s'inquiètent pas autrement de savoir si les domaines d'activité en question peuvent se prêter à une gestion par les corps publics. C'est ainsi que toute l'industrie métallurgique et minière, la grande industrie chimique, l'industrie électrotechnique, sont considérées sans plus d'examen comme « mûres pour la socialisation ». Cette manière de voir, et en général l'affirmation, souvent érigée en axiome, que le monopole public est, en tout état de cause, préférable au monopole privé, ne supporte pas l'examen, surtout si on l'envisage du point de vue, capital aujourd'hui, du meilleur rendement à obtenir. Les expériences qu'on a faites en tout cas jusqu'ici avec les exploitations publiques dans les mines sont des plus défavorables. La gestion y a été bien plus onéreuse et bien moins souple que dans les entreprises privées. Et ces inconvénients apparaîtraient encore bien plus dans l'industrie du fer, dans la grande industrie chimique, où l'élément commercial, la rapidité des décisions, l'adaptation à de nouvelles conditions techniques et commerciales, joue un rôle bien plus grand encore que dans l'exploitation minière.

Les socialistes tirent argument de l'état « anarchique » de la production dans l'ordre économique individualiste, du fait que les producteurs isolés travaillent au petit bonheur et se font souvent illusion sur les possibilités d'écoulement. Ils soulignent la surcapitalisation qui apparaît dans certaines branches d'industrie, l'utilisation insuffisante des instruments de production, les périodes de crise et de chômage, et affirment que tout cela pourrait être évité avec une exploitation gérée par les pouvoirs publics.

Ils rendent l'ordre économique individualiste responsable notamment des crises de production et d'écoulement, pendant lesquelles les entrepreneurs ne peuvent écouler leurs marchandises, alors qu'en réalité des centaines de milliers de personnes en auraient besoin mais ne peuvent les acheter, n'ayant qu'un revenu insuffisant. Nous avons déjà parlé de cela plus haut (Chap. I, 6). Les socialistes affirment qu'à cet égard l'exploitation publique, soit sous forme d'économies soit sous forme d'entreprises, aurait une supériorité considérable, pourvu qu'elle embrassât toute l'industrie en question.

Il n'est pas douteux que la tendance de chaque individu au gain ne garantit aucunement que la production soit adaptée aux besoins du moment ; très souvent on fabrique notamment des instruments de production qui ne sont que peu ou pas du tout utilisés et par suite certaines branches d'entreprise souffrent vraiment d'une forte sur-capitalisation. Il est exact aussi qu'aux temps où écrivaient Marx et Rodbertus, alors que les ouvriers n'étaient pas organisés comme aujourd'hui, les crises provenaient vraiment, dans une certaine mesure, d'une sous-consommation des ouvriers due à des salaires insuffisants. Mais, depuis, les entrepreneurs ont eux-mêmes beaucoup fait pour atténuer les crises, — par le moyen des cartels en particulier ; la vie économique était, en général, devenue bien plus régulière qu'autrefois, les fluctuations de la conjoncture provenaient des conditions naturelles d'abord, de l'inégalité des récoltes, puis des progrès techniques, qui transformaient certaines industries, et des conditions politiques. On peut, il est vrai, imaginer que, dans certaines branches de production, une gestion d'ensemble par des exploitations publiques, jointe à une bonne statistique de la production et de la consommation, permettrait de mieux adapter encore la production aux besoins, et peut-être pourrait-on prendre son parti de l'uniformité plus grande de la consommation qui en résulterait. Si on s'était inquiété d'une meilleure répartition des revenus, on aurait pu obtenir aussi, même avec l'ordre économique individualiste, une meilleure adaptation de l'offre à la demande. Mais dans toutes les branches de production tributaires de matières premières dont les prix sont sujets, par le fait de l'inégalité des récoltes, à de fortes fluctuations, ou dans celles où les progrès techniques jouent encore un grand rôle, la fixation par les pouvoirs des quantités à produire est nécessairement inopérante. Comment réglementer la production quand on est obligé d'importer de l'étranger des matières premières dont les prix varient, et qu'on ne sait pas quelle sera la force d'achat du marché, lorsque par exemple des prix de vente plus élevés s'imposeront ? Et, inversement, comment réglementer la production destinée à l'exportation ?

On pourrait ainsi soulever une foule de problèmes qui rendent impossible, dans un monde qui d'ailleurs est régi par un principe économique individualiste, aussi bien la socialisation de certaines branches économiques que la socialisation intégrale dans un avenir que l'on puisse envisager. Peut-être viendra-t-il un jour où les progrès techniques, qui sont la cause principale des fluctuations de conjoncture, ne joueront plus aucun rôle, où la population sera devenue aussi beaucoup plus fixe qu'aujourd'hui et se contentera d'une satisfaction des besoins extrêmement uniforme, en renonçant aux exigences individuelles. A cette époque de tassement économique général, une socialisation, une gestion économique générale par les pouvoirs, sera peut-être possible. Mais je doute fort qu'elle constitue un idéal, un progrès, je ne dis pas par rapport à la situation actuelle, mais par rapport à une situation qui serait fort bien réalisable dans le cadre de l'ordre économique individualiste actuel. Je ne crois pas qu'on ait fait un pas dans la voie du progrès lorsque les hommes peut-être travailleront un peu moins, mais en échange se verront prescrire à chacun la nature et la quantité de ce qu'il leur sera permis de consommer. Je crois que cela ne fera qu'accroître l'hébétement général lorsque les hommes ne seront plus obligés de tendre vraiment leurs forces, lorsqu'aura disparu l'orgueil d'atteindre plus qu'un autre, lorsqu'aucun besoin nouveau ne proposera aux hommes un nouveau but.

On peut reconnaître les tares de l'ordre économique actuel, la situation défavorable de la classe ouvrière, tant qu'on voudra. Mais, tant qu'on n'aura pas tout tenté pour améliorer cette situation sur la base de l'ordre économique actuel, les efforts en vue de supprimer celui-ci, alors que les propositions d'un statut meilleur sont aussi confuses que celles qu'a apportées jusqu'ici le socialisme, sont un crime national. Crime d'autant plus grand s'ils sont faits unilatéralement, dans un seul pays, tandis que le reste du monde s'en tient à l'ordre économique individualiste. Quant à ce qui peut être fait dès aujourd'hui, dans le cadre de l'ordre économique actuel, pour améliorer celui-ci, c'est ce que nous allons envisager brièvement en manière de conclusion.

6. Que peut-on faire ?

Il faut donc ne pas perdre de vue que la socialisation de certaines branches d'industrie au milieu d'un ordre économique individualiste par ailleurs, ne saurait être décidée à la légère, qu'elle ne devrait jamais être que l'*ultima ratio* au cas où tous les autres moyens seraient impuissants à mettre fin aux abus existants. Mais précisément vis-à-vis des groupements privés qui tendent à monopoliser une branche d'industrie, et qui jouent aujourd'hui un si grand rôle sous forme de cartels et de trusts, l'État a manifestement encore en mains de nombreux moyens d'action et il est très douteux qu'un monopole d'État ne soit pas à la longue plus néfaste qu'un monopole privé, réglementé et maintenu dans de certaines limites par l'intervention de l'État. De telles mesures restrictives sont, en tout cas, le devoir le plus urgent de la politique économique actuelle. Plus les associations de monopole, les cartels, les trusts, etc., prendront de l'extension, plus l'État sera obligé d'intervenir dans les grandes entreprises privées et de réglementer leurs relations. Le premier moyen à sa disposition est la politique douanière. Les pays où les chemins de fer appartiennent à l'État, ont également, dans les tarifs, un moyen efficace d'empêcher les abus des associations de monopole. Enfin, en dernière ligne, on peut toujours recourir à la fixation des prix par l'État. Notamment pour les biens et les services qui ne sont pas soumis à une grande variation de prix, elle est un moyen plus simple et plus approprié que l'étatisation des mines de charbon ou de potasse par exemple, qui coûterait des centaines de millions. Certainement le nombre des branches d'industrie qui sont réglementées par l'État ou soumises à des tarifs augmentera de plus en plus. Il vaut mieux aussi laisser, dans l'intérêt de la collectivité, l'initiative privée se développer sous le contrôle et la réglementation de l'État, que créer des entreprises publiques qui, dans la plupart des cas, sont des produits hybrides parce que l'État doit d'un côté obtenir des recettes aussi élevées que possible, tandis que, d'autre part, il doit les administrer dans l'intérêt public. Or s'il les gère comme exploitations publiques, il est difficile, nous l'avons vu plus haut, d'adapter la gestion et les prix au mouvement général de l'échange qui est dominé par ailleurs par la tendance de chaque individu au gain. L'établissement des prix devient l'objet de luttes d'intérêts parmi les corps législatifs, et on a ainsi un amalgame fâcheux de politique et d'économie.

Ou voit combien il est difficile, et on peut même dire impossible, d'inaugurer un nouvel ordre économique. Il est facile certes de procéder à l'étatisation de certaines branches d'industrie ou de transférer celles-ci à des groupements administratifs autonomes où l'on parle beaucoup et travaille peu. Mais le socialisme et le communisme ne sont même pas arrivés à *détruire* l'ordre économique actuel, pas même en Russie. Au contraire, — et nous le voyons sur une plus petite échelle même chez nous —, les dangers véritables du principe d'organisation actuel, de la tendance de chaque individu au gain, apparaissent d'autant plus que l'économie nationale a davantage souffert de la vague de paresse, des expériences utopiques et des maladroites interventions, d'autant plus que la marche régulière de la vie économique et de l'établissement des prix est davantage troublée, ce dont naturellement la guerre est au premier chef responsable. Nous voyons l'âpreté au gain, la tendance à réaliser sur autrui des bénéfices excessifs, prendre de plus en plus le dessus, la loyauté des relations commerciales fléchir, la spéculation et l'égoïsme devenir de plus en plus effrénés, en même temps que s'irrite le conflit entre pauvres et riches et que souvent on abuse du pouvoir politique pour des fins égoïstes. Bref, la tentative faite pour réaliser par la force le socialisme n'a fait que pousser l'individualisme à l'extrême et qu'augmenter ses dangers. Or, c'est une utopie que de croire que l'on va se dégager de l'ordre économique individualiste tant que la lutte pour la vie prendra des formes si violentes, et c'est une grande légèreté que de croire qu'on s'en dégagera en créant des organisations d'où les entrepreneurs seront évincés. Dans leur conscience de classe, exagérée par de fausses théories, les ouvriers méconnaissent que l'opposition entre ouvrier et entrepreneur n'est qu'une des oppositions de la lutte économique ; ils méconnaissent que la socialisation de certaines branches d'industrie est encore loin de supprimer l'ordre économique individualiste. Or, les principes suivant lesquels cet ordre peut être remplacé par un autre, personne encore ne les a établis.

Lorsque donc le socialisme demande que l'économie ne soit plus l'affaire de l'individu mais de la collectivité, — c'est la brève et très exacte formule à laquelle W. Rathenau (*Von kommenden Dingen*) a ramené le programme économique du socialisme —, cela peut tout au plus être considéré comme un idéal pour un avenir lointain ; et encore m'apparaît-il plus que douteux que les hommes soient jamais plus contents et plus heureux lorsque chacun travaillera pour les autres et recevra sa part du produit commun suivant des règles de répartition qu'on n'a pas encore trouvées. Dans les conditions actuelles, notamment en Allemagne, des propositions de ce génre, — les ouvriers eux-mêmes s'en rendent d'ailleurs de plus en plus compte —, sont une utopie et quand elles émanent d'un homme tel que W. Rathenau, qui non seulement dans sa vie pratique mais encore dans certains de ses écrits (*Vom Aktienwesen*) adopte le point de vue absolument opposé, on a peine à comprendre une telle légèreté. Et on oublie surtout qu'un tel programme ne pourrait être réalisé que par la socialisation intégrale et non pas par la socialisation de certaines branches d'industrie, qui n'en restent pas moins enserrées dans le cadre de l'établissement des prix par l'échange libre.

Il est donc très regrettable que la classe ouvrière socialiste, prisonnière de fausses vues économiques, dont la responsabilité toutefois incombe moins au socialisme en lui-même qu'à la science économique, poursuive toujours avec tant d'âpreté les projets de socialisation des mines de charbon et de potasse, comme si la classe ouvrière, sans parler de l'ensemble de l'économie nationale, y gagnerait quelque chose. La situation le plus souvent mauvaise et la gestion onéreuse des mines qui appartiennent déjà à l'État devrait servir d'exemple. Personne n'en voudra aux mineurs de chercher, dans le cadre des lois et en se coalisant, à obtenir une rémunération aussi élevée que possible de leur dur labeur. Mais, d'autre part, la fixation des prix et le contrôle des exploitations par l'État peuvent très bien empêcher que les entrepreneurs ne récupèrent au double et au triple sur les consommateurs les augmentations de salaires et ne réalisent des bénéfices exagérés. A quoi sert de supprimer dans telle ou telle industrie l'entrepreneur privé si, à côté, dans d'autres branches de production, l'intérêt égoïste continue à se donner libre cours et si, même sans-produire, par le commerce et surtout par la spéculation, il est possible de réaliser des bénéfices encore bien plus élevés ? Tant que l'État reste, comme il l'est, incapable de mettre un frein au déchaînement du commerce et de la spéculation, tant qu'il n'arrive pas, malgré toutes les lois fiscales, à mettre véritablement la main sur les bénéfices de guerre et de révolution précisément des gros capitalistes, c'est le comble de la naïveté que de croire que l'étatisation de quelques branches de production améliorerait en quoi que ce soit la vie économique. Les projets socialistes, même quand ils demandent, au lieu d'exploitations directement gérées par l'État, des corps publics d'administration autonomes, comportent une telle exagération des capacités de l'État, une appréciation si insuffisante des dangers d'un amalgame de la politique et de l'économie, qu'ils ne peuvent être, sous les deux rapports, que particulièrement dangereux pour un peuple à qui manque comme au peuple allemand l'éducation politique.

Cela veut-il dire que les rapports entre le capital et le travail doivent rester ce qu'ils ont été jusqu'ici ? Les plaintes des ouvriers sur les trop grandes inégalités des revenus et des fortunes, sur la rémunération insuffisante du travail physique, sur l'impossibilité de s'élever à une condition supérieure, etc., sont-elles donc véritablement illégitimes ? Avant la guerre, en tout cas, elles ne l'étaient pas. Malgré maintes améliorations qui ont été apportées, notamment en Allemagne, les classes dirigeantes ont été extrêmement négligentes en ce qui concerne l'amélioration de la condition économique de la classe ouvrière, —

sans parler de sa condition sociale. Et cela aurait été si facile, étant donné la stabilité économique d'alors ! Avec des sacrifices infimes, comparés à ceux qu'elles sont obligées de faire aujourd'hui, les classes riches eussent acheté la paix sociale. Avec une fiscalité plus sociale, une faible partie de la charge fiscale aujourd'hui imposée aux riches, un peu plus de compréhension sociale, et en effaçant un peu les différences de castes, — pour ne pas passer complètement sous silence cet aspect social de la question, si important surtout en Allemagne —, on aurait pu contenter au point de vue politique et économique une grande partie de la classe ouvrière, et tous, pauvres et riches, auraient, dans les conditions ordonnées d'alors, pu bien mieux vivre qu'ils ne le pourront en Allemagne jusque dans un avenir assez éloigné, à l'exception d'une couche infime de mercantis et de spéculateurs qu'entretient la faiblesse et l'incapacité des organes administratifs. Or le malheur veut qu'aujourd'hui, où la classe ouvrière a le pouvoir de réaliser ses desiderata et même parfois de procéder à des expériences socialistes, l'appauvrissement de l'Allemagne rende impossible qu'elle obtienne de meilleures conditions matérielles de vie. Le malheur veut aussi que la période d'après-guerre soit devenue, avec la dévalorisation de l'argent, une période de spéculation où les inégalités des revenus et des fortunes se trouvent encore énormément accrues, où spéculateurs et mercantis ont pu en très peu de temps réaliser des bénéfices formidables, ce qui naturellement exaspère encore les attaques des ouvriers contre l'ordre économique actuel. Ils ont bien le pouvoir d'obtenir pour eux, c'est-à-dire pour certaines catégories d'ouvriers, des augmentations de salaires pour ainsi dire illimitées. Mais il se trouve qu'ils ne peuvent malgré cela pas acheter davantage. L'élévation des salaires entraîne l'élévation des prix.

Il ne saurait en être autrement. Le mécanisme délicat de l'échange est un régulateur automatique. Les augmentations de salaires font que le capital existant devient de plus en plus insuffisant. Le taux de l'intérêt monte, — chez nous cette évolution n'est empêchée jusqu'ici que par l'inflation, une grande partie des augmentations de salaires étant payée par la presse à billets, mais dans les autres pays cette élévation du taux de l'intérêt et des bénéfices du capital apparaît nettement —, tous les instruments de production sont capitalisés en fonction d'un revenu plus élevé, et ainsi augmente aussi automatiquement la part du capital lorsque le travail arrive à obtenir une part plus élevée. Il n'est pas si simple que se l'imagine le socialisme de bousculer les lois de l'échange. La dépréciation de l'argent amène bien des décalages considérables dans les revenus et les fortunes ; mais, en face des bénéfices accrus de l'agriculture, en face des fortunes rapides qui se constituent par le commerce et la spéculation, l'entreprise publique, l'exploitation collective même sont impuissantes. Toutes les belles idées socialistes n'y peuvent rien. Ce qu'il faut, c'est, au lieu d'échafauder de nouveaux ordres économiques, s'établir solidement sur le terrain de l'ordre actuel, et d'abord le comprendre. Que peut-on ensuite faire ? Nous allons le dire en peu de mots.

Que les ouvriers obtiennent un droit de regard dans la gestion des entreprises où ils travaillent et qu'ils ne soient pas considérés comme des machines de travail, comme des « mains », cela me semble tout naturel. On pourrait même souvent leur conférer un droit de collaboration aux décisions importantes de la direction. Ce n'est qu'à cette condition qu'on éveillera et qu'on entretiendra l'intérêt nécessaire des ouvriers pour leur exploitation, sans lequel une collaboration féconde des entrepreneurs et des ouvriers n'est pas possible. Les conseils d'exploitation et, dans les sociétés par actions, la représentation des ouvriers au conseil d'administration me semblent pour cela la forme tout indiquée. L'expérience aura ensuite à dire quelles prérogatives devront être dévolues à ces représentations ouvrières et dans quelle mesure elles pourront intervenir pour l'embauche et le licenciement des ouvriers ; je ne veux pas ici entrer dans les détails.

La rémunération des ouvriers, aujourd'hui déjà, fait souvent l'objet d'un contrat collectif ; il en est de même aussi de plus en plus pour les autres conditions de travail. Il est nécessaire d'obvier au danger que le rendement du travail ne soit établi que sur une mesure moyenne ou même réduit à la mesure minima, que l'on n'empêche ou qu'on ne rémunère pas suffisamment le rendement dépassant la moyenne. Il est nécessaire en général, dans le domaine des travaux manuels, d'empêcher une trop grande influence de la masse et une trop grande éviction des individus. Car ce n'est qu'en enlevant au travail physique ce caractère de travail de troupeau que lui a donné la grande exploitation, que l'on accroîtra son prestige social. C'est ce que les ouvriers méconnaissent souvent, en donnant une valeur excessive à leur organisation et à tout ce qui leur apparaît « social ».

On discute aussi beaucoup depuis longtemps la question de la participation aux bénéfices. Il est vrai qu'à la suite de la révolution, les ouvriers ne s'en sont pas beaucoup préoccupés, préférant imposer directement, grâce à leurs organisations, des élévations de salaires. Ils se sont rendus compte que ces élévations de salaires n'amélioraient pas leur situation. La participation aux bénéfices ne l'améliorerait guère davantage pour l'instant. Elle n'en est pas moins un moyen utile d'intéresser davantage les ouvriers à leur entreprise. Lorsque les prix seront redevenus plus stables, des échelles mobiles de salaires, adaptant les salaires aux prix de la production, offriront également, dans de nombreuses industries et notamment là où il existe des cartels bien constitués, des avantages pour les ouvriers et pour la paix sociale.

Le but principal vers lequel tendait l'évolution économique, était en tout cas, avant la guerre, de donner à la vie économique le plus de stabilité possible, d'atténuer le plus possible les fluctuations de la conjoncture, et il n'est pas douteux qu'on avait, notamment en Allemagne, par les cartels, etc., réalisé des progrès dans cette voie : les crises étaient devenues moins violentes, les fluctuations de la conjoncture moins fortes. Bien que les conséquences de la guerre, la dépréciation du change et les conditions de paix, aient aggravé le problème, cela restera encore le but de l'évolution économique. Et, plus on progressera en ce sens, plus les ouvriers, soit par la participation aux bénéfices, soit par la propriété d'actions, — actions ordinaires ou actions-ouvrières spéciales —, pourront être intéressés au rendement de l'entreprise où ils travaillent.

Plus importante que la situation des ouvriers dans les entreprises me paraît être la suppression des trop grandes inégalités au point de vue des revenus et des fortunes et, en particulier la limitation des revenus ne provenant pas du travail. C'est là le véritable problème social. Mais vouloir, pour le résoudre, supprimer complètement la propriété privée des instruments de production, le capital, c'est manquer de discernement. On peut faire beaucoup sans toutefois porter, de façon lourdaude, atteinte aux principes de l'ordre économique actuel faute de les avoir compris. Le principal effort doit se porter du côté du demaine fiscal. Avant la guerre, il y avait vraiment eu trop d'omissions à cet égard, bien que le régime fiscal fût en Allemagne bien plus social encore que dans les autres pays, l'Australie exceptée. La répartition des revenus et des fortunes n'était pas non plus chez nous si défavorable que dans nombre d'autres pays ; il est vrai que, par contre, les oppositions de classes et l'orgueil de classe étaient bien plus développés que par exemple en Amérique, où la classe ouvrière supportait par suite plus facilement les inégalités pécuniaires. Mais, même chez nous, les grands revenus et les grandes fortunes étaient très insuffisamment mis à contribution par l'impôt, de sorte que les accumulations de plus en plus considérables, surtout des très grandes fortunes, n'étaient pas empêchées. Que dire lorsqu'on voit que la progression de l'impôt sur le revenu s'arrêtait à 100.000 marks avec un taux de 4 ½ %, et que l'impôt sur la fortune, dans la plupart des États allemands, n'était même pas progressif ! On a bien, depuis lors, modifié la situation à cet égard en ce qui concerne les tarifs fiscaux, mais l'estimation reste si insuffisante que les grandes fortunes et les grands revenus de l'agriculture, du commerce et de l'industrie sont loin d'être pleinement mis à contribution.

Un des principaux problèmes dans ce domaine, c'est l'imposition du « revenu différentiel », qui a été proposée par la minorité de la première commission de socialisation. Les bénéfices différentiels proviennent du fait que le coût du même produit n'est pas le même pour tous les producteurs et que le coût le plus élevé, pourvu qu'il y ait écoulement du produit, établit la norme du prix, et ils constituent, en effet, une des principales causes des grandes inégalités actuelles des revenus et des fortunes. Mais ces bénéfices différentiels ne sont pas uniquement le fait de la propriété foncière, où, jusque dans les derniers temps, on a voulu exclusivement les trouver ; ils sont réalisés par tous les producteurs quels qu'ils soient qui produisent avec des frais moindres, dès que la consommation est obligée de faire appel non seulement à eux mais à d'autres producteurs ayant des frais plus élevés. Il est vrai qu'ils jouent un rôle particulièrement important dans la propriété foncière : agricole, minière et urbaine. La tendance à les supprimer et à supprimer par là la capitalisation qui en résulte, à limiter ainsi les inégalités de revenus et de fortunes auxquelles ils donnent naissance, est un des points importants de ce que l'on appelle le « mouvement pour la réforme foncière ».

J'estime que le transfert aux corps publics de la propriété foncière est bien plutôt réalisable que le transfert aux mêmes corps de tâches économiques quelles qu'elles soient. On aurait ensuite recours au fermage. La revision de temps à autre des prix de fermage permettrait de faire revenir à la collectivité les bénéfices différentiels et d'empêcher la capitalisation de revenus dépassant la moyenne. Si cela était plus facile à réaliser, il n'y aurait rien à objecter à ce que toute la propriété foncière dans un pays appartînt à l'État et ne fût concédée que par voie de fermage héréditaire. On en arrivera sans doute là si la population européenne continue à s'accroître dans les mêmes proportions que jusqu'ici. En tout cas, on pourrait faire un commencement en ce sens, en ce qui concerne la propriété minière. Et j'estime que l'État n'aurait besoin de payer aux propriétaires actuels aucune indemnité, ce qu'il y a lieu particulièrement d'éviter étant donné les conditions actuelles : il n'aurait qu'à fixer, au même titre qu'un impôt, une redevance annuelle, évaluée pour chaque mine, d'après la proportion des prix de revient soigneusement calculés et des prix de vente du charbon extrait. Si quelqu'un offrait à l'État pour une mine un prix de fermage supérieur, on pourrait lui remettre la mine : il aurait alors à indemniser son prédécesseur en lui versant un capital correspondant au prix antérieur du fermage ; à moins que l'occupant actuel ne préférât lui-même offrir un prix de fermage plus élevé. Les gisements miniers non encore exploités pourraient aussi être acquis par l'État, qui les paierait par annuités, et être affermés par lui pour exploitation à des entrepreneurs privés.

Nous ne méconnaissons pas qu'on peut élever des objections contre cette imposition des bénéfices différentiels appliquée seulement à une branche d'industrie ou à quelques industries, alors que ces bénéfices existent dans d'innombrables industries et que même des bénéfices de monopole ne sont pas rares. Il ne faut pas non plus s'exagérer la portée d'une telle mesure. Même si toute la propriété foncière d'un pays était ainsi aux mains de l'État et donnée par lui en fermage, cela ne signifierait pas une véritable socialisation, ni une transformation de notre ordre économique actuel basé sur la tendance de chaque individu au gain. Ce ne serait qu'un des moyens d'empêcher des inégalités excessi . . de revenus et de fortunes, auxquelles donnent naissance les bénéfices différentiels ou leur capitalisation. Au moyen d'autres impôts, et en particulier d'un impôt fortement progressif sur les successions, il sera ensuite possible d'empêcher d'autres formes par lesquelles se constituent des fortunes exagérées et de réduire ainsi la possibilité d'obtenir des revenus sans travail. On aurait par là atteint un des buts essentiels de la classe ouvrière. Mais vouloir soustraire la gestion économique elle-même à l'individu pour la remettre à des groupements sociaux quels qu'ils soient, cela ne peut conduire à rien, aussi longtemps au moins que l'humanité avance encore dans la voie du progrès, qu'il apparaît incessamment de nouveaux besoins et de nouveaux moyens de les satisfaire, et que la technique est soumise à de rapides changements.

L'exploitation coopérative en tant que forme d'organisation d'ensemble, c'est-à-dire en dehors de quelques cas particuliers, restera aussi, tant qu'il en sera ainsi, une impossibilité. Il n'est pas nécessaire qu'il existe des capitalistes vivant de leurs rentes sans travailler grâce à la fortune dont ils ont hérité, mais il faudra toujours des entrepreneurs qui, s'élevant au-dessus de la masse par leurs talents d'organisation, pourront également obtenir un revenu supérieur. Il n'est toutefois nullement nécessaire qu'il en résulte une opposition de classes entre le travail de direction et le travail d'exécution. Au contraire, le danger de plus en plus grand vers lequel tend l'évolution, — je l'ai souligné il y a des années déjà —, c'est que les entrepreneurs et les ouvriers ne s'accordent pour « exploiter » en commun les derniers consommateurs, si bien que le grand problème social de l'avenir ne sera vraisemblablement plus la « question ouvrière », mais la

protection des derniers consommateurs qui se trouveront
en face des entrepreneurs et des ouvriers organisés en
commun. Il en résultera pour l'État, obligé d'intervenir
dans l'établissement des prix, de difficiles obligations,
qui se posent dès aujourd'hui avec les trusts et les cartels.
La solution que j'entrevois, c'est qu'avec l'extension des
entreprises sociétaires et une vie économique devenue plus
stable, chacun puisse participer aux bénéfices des grandes entreprises, dans lesquelles il aura placé les économies faites en vue de la vieillesse, et que chaque consommateur soit ainsi en même temps intéressé aux gains de
la vie économique. Ce maintien de l'économie individualiste laissera encore à l'État assez de tâches difficiles au
point de vue de la réglementation et du contrôle. Il n'y
a aucunement lieu d'aller au delà et de confier à l'État
tout le soin de satisfaire aux besoins de la collectivité :
cela signifierait un grand pas en arrière, d'autant plus
qu'on ne voit pas encore les principes et les garanties
qui assureraient une juste répartition des produits. L'activité économique ne saurait être, de longtemps encore,
« affaire de la collectivité », elle doit rester affaire de
l'individu ; mais elle peut fort bien être réglementée par
l'État, et l'économie nationale allemande en particulier
serait, à l'heure actuelle, dans une bien meilleure condition si tout le monde, au lieu de poursuivre des utopies
d'économie collective, s'attachait à collaborer à l'amélioration des conditions économiques dans le cadre de l'ordre
économique individualiste.

TABLE DES MATIÈRES

BIBLIOTHÈQUE INTERNATIONALE D'ÉCONOMIE POLITIQUE

Publiée sous la direction de Alfred BONNET

SÉRIE IN-8

Cossa (Luigi). — Histoire des doctrines économiques. Trad. Alfred Bonnet. 1899. 1 vol. br. *Épuisé*

Ashley (W.-J.). — Histoire et doctrines économiques de l'Angleterre. 1900, 2 vol. br. 30 fr. »

Sée (H.). — Les classes rurales et le régime domanial au moyen-âge en France, 1902, 1 volume broché 24 fr. »

Wright (C.-D.) — L'évolution industrielle des États-Unis. 1901. 1 vol. br. 14 fr. »

Cairnes (J.-E.). — Le caractère et la méthode logique de l'économie politique. 1902. 1 volume broché 10 fr. »

Smart (W.). — La répartition du revenu national. Préface de P. Leroy-Beaulieu 1902. 1 volume broché 14 fr. »

Schloss (David). — Les modes de rémunération du travail, avec préface de Charles Rist 1902. 1 v. broché 15 fr. »

Schmoller (G.). — Questions fondamentales d'économie politique et de politique sociale 1902. 1 vol. broché 15 fr. »

Bohm-Bawerk (E.). — Histoire critique des théories de l'intérêt du capital. 1902, 2 volumes brochés 28 fr. »

Pareto (Vilfredo). — Les systèmes socialistes. 1902. 2 volumes brochés. *(épuisé)*

Lassalle (F.). — Théorie systématique des droits acquis. Préface de Ch. Andler. 1904. 2 volumes brochés 40 fr. »

Rodbertus-Jagetzow (C.). — Le capital. Trad. Chatelain. 1904. 1 vol. broché 12 fr. »

Landry (A.). — L'intérêt du capital. 1904. 1 v. broché 14 fr. »

Philippovich (E.). — La politique agraire. Préface de A. Souchon. 1905. 1 v. br. 12 fr. »

Denis (Hector). — Histoire des systèmes économiques et socialistes : *Les Fondateurs*. 1904-1907. 2 volumes brochés 34 fr. »

Wagner (Ad.). — Les fondements de l'économie politique. 5 vol. in-8 104 fr. »

Schmoller (G.). — Principes d'économie politique. Traduit par G. Platon et L. Polack. 5 vol. 1905-1908. 100 fr. »

Petty (Sir W.). — Œuvres économiques. 1905. 2 volumes brochés. 30 fr. »

Salvioli. — Le capitalisme dans le monde antique. Trad. A. Bonnet. 1906. 1 vol. br. 14 fr. »

Effertz (O.). — Les antagonismes économiques. 1906. 1 vol. broché 21 fr. »

Marshall (A.). — Principes d'économie politique. Trad. par Sauvaire-Jourdan et Beaussy. 1907-1909. 2 volumes brochés 44 fr. »

Fontana-Russo (L.). — Traité de politique commerciale. 1908. 1 vol. in-8 broché. 28 fr. »

Cornelissen (C.). — Théorie du salaire et du travail salarié. 1908. 1 fort v. in-8 br. 28 fr. »

Jevons (W. Stanley). — La théorie de l'économie politique. Préface de Paul Painlevé 1909. 1 volume in-8 broché. 16 fr. »

Pareto (Vilfredo). — Manuel d'économie politique. Trad. de A. Bonnet. 1909. *(Épuisé)*

Cannan (Edwin). — Histoire des théories de la production et de la distribution dans l'économie politique anglaise de 1776 à 1848. 1910. 1 volume in-8 broché. 24 fr. »

Clarck (J.-B.). — Principes d'économique dans leur application aux problèmes modernes de l'industrie et de la politique économique. 1911. 1 volume in-8. 20 fr. »

Fisher (I.). — De la nature du capital et du revenu. 1911. 1 volume in-8 broché. 24 fr. »

Loria (A.). — La synthèse économique. Étude sur les lois du revenu. 1911. 1 vol. in-8 br. 24 fr. »

Carver (Th. N.). — La répartition des richesses. Trad. R. Picard. 1913. 1 vol. in-8 br. 10 fr. »

Webb (S. et B.). — La lutte préventive contre la misère. 1913. 1 volume in-8 broché 16 fr. »

Hersch (L.). — Le Juif errant d'aujourd'hui (40 tableaux statistiques et 9 diagrammes). 1913. 1 volume broché 12 fr. »

Cornelisser (Ch.) — Théorie de la valeur. 2e éd. refondue. 1913. 1 vol. broché 20 fr. »

Leroy (Maxime). — La coutume ouvrière. Doctrines et institutions. 1913. 2 vol. brochés. 36 fr. »

Kobatsch (R.). — La politique économique internationale. 1913. 1 vol. in-8 broché. 24 fr. »

Tougan-Baranowsky (M.) — Les crises industrielles en Angleterre. 1913. 1 volume broché 24 fr. »

Kaufman (Dr E.). — La Banque en France principalement au point de vue des trois grandes banques de dépôts. 1914. 1 v. in-8 br. 28 fr. »

Liefmann (Dr Robert). — Cartells et Trusts. Évolution de l'organisation économique. Trad. par Savinien Bouyssy 1914. 1 vol. in-8. 10 fr. »

Oppenheimer (F.). — L'Économie pure et l'Économie politique. 1914. 2 vol. in-8. 40 fr. »

Auspitz et Lieben. — Recherches sur la théorie du prix. 1914. 2 vol. in-8 (1 volume texte et 1 volume album) 30 fr. »

Fisher (I.). — Recherches mathématiques sur la théorie de la valeur et des prix. Trad. J. Morel. 1917. 1 vol. in-8 broché 10 fr. »

Maslow (P.). — L'évolution de l'Économie nationale. 1915. 1 vol. in-8 broché 15 fr. »

Pierson (N.-S.). — Traité d'économie politique. 1916-1917. 2 vol. in-8 broché 50 fr. »

Subercaseaux. — Le papier-monnaie. 1920. 1 v. in-8 16 fr. »

Roscher (W.). — Économie industrielle. 2 vol. in-8. 1920-1921. 40 fr. »

Withers (Hartley). — Qu'est-ce que la monnaie ? Le marché monétaire anglais, avec Préface de Charles Rist. 1 vol. in-8. 1920. 12 fr. »

Fisher (Irving). — Le Pouvoir d'achat de la monnaie. 1920. 1 vol. in-8 (sous presse).

Anslaux — Traité d'économie politique. Tome I. Un vol. in-8, 1921 20 fr. » Tome II. Un vol. in-8, 1923 20 fr. »

Sée (H.). — Esquisse d'une histoire du régime agraire en Europe aux xviiie et xixe siècles. 1 vol. in-8. 1921, broché. 15 fr. »

Bouniatian. — Les crises économiques. Un vol. in-8, 1922 25 fr. »

Rist (Ch.) — La déflation en pratique. Un vol. in-8, 1924 15 fr. »

SOUS PRESSE

BOHM-BAWERK. — Théorie positive du capital.

NICEFORO. — La méthode statistique.

WALSH. — Le problème fondamental de la monnaie.

BOWLEY. — Éléments de statistique.

SÉRIE IN-18

Menger (Anton). — Le droit au produit intégral du travail. Trad. A. Bonnet. Préface de Ch. Andler. 1900. 1 volume broché *(Épuisé)*

Patten (S.-N.). — Les fondements économiques de la protection. Trad. F. Lepelletier. Préface de P. Cauwès. 1889. 1 vol. broché. 5 fr. »

Bastable (C.-F.). — La théorie du commerce international. Trad. avec Introd. par Sauvaire-Jourdan. 1900. 1 vol. broché 18 fr. »

Willoughby (W.-F.). — Essais sur la législation ouvrière aux États-Unis. 1903. 1 volume broché 7 fr. »

Dufourmantelle (M.). — Les prêts sur l'honneur. 1913. 1 volume broché. 8 fr. »